Bootstrap 响应式页面设计

主　编　朱翠苗　郑广成
副主编　史桂红　孔小兵　俞国红

北京理工大学出版社
BEIJING INSTITUTE OF TECHNOLOGY PRESS

内 容 简 介

本书从应用与实践的角度出发，由浅入深、循序渐进地介绍了 Bootstrap4 框架相关技术在 Web 和移动 Web 开发领域的应用。本书主要讲述了 Bootstrap 中的各种排版元素，Bootstrap 公共样式，Bootstrap 表单、表格、按钮等各类 CSS 组件，响应式导航条、下拉菜单、列表组、轮播图、模态框、媒体对象等 Bootstrap 插件，每个项目都有大量示例，最后以两个完备的 Bootstrap 综合实战详细讲解如何从零开始搭建 Bootstrap 网站，使 Bootstrap 知识得到综合应用，提高读者的动手编码能力。

本书适合有一定 HTML、CSS、JavaScript 基础的读者，尤其适合正在应用 Bootstrap 框架做移动应用开发的人员使用。本书可以作为响应式 Web 程序设计相关课程的教材，也可以作为响应式开发爱好者的自学参考用书。

图书在版编目（C I P）数据

Bootstrap 响应式页面设计 / 朱翠苗，郑广成主编
. -- 北京：北京理工大学出版社，2022.7
　ISBN 978 - 7 - 5763 - 1563 - 9

Ⅰ. ①B… Ⅱ. ①朱… ②郑… Ⅲ. ①网页制作工具
Ⅳ. ①TP393.092.2

中国版本图书馆 CIP 数据核字（2022）第 134680 号

出版发行 / 北京理工大学出版社有限责任公司	
社　　址 / 北京市海淀区中关村南大街 5 号	
邮　　编 / 100081	
电　　话 / （010）68914775（总编室）	
（010）82562903（教材售后服务热线）	
（010）68944723（其他图书服务热线）	
网　　址 / http：//www. bitpress. com. cn	
经　　销 / 全国各地新华书店	
印　　刷 / 三河市天利华印刷装订有限公司	
开　　本 / 787 毫米×1092 毫米　1/16	
印　　张 / 14	责任编辑 / 王玲玲
字　　数 / 312 千字	文案编辑 / 王玲玲
版　　次 / 2022 年 7 月第 1 版　2022 年 7 月第 1 次印刷	责任校对 / 刘亚男
定　　价 / 69.00 元	责任印制 / 施胜娟

前　言

为贯彻落实《国家职业教育改革实施方案》，积极推动学历证书 + 若干职业技能等级证书制度，教育部进一步完善计算机软件行业培养 Web 前端开发专业技术技能人才的需要，本书的编写在教育部《Web 前端开发职业技能等级标准》指导下进行，对应标准中响应式开发技术框架 Bootstrap 技术。同时，本书的内容满足 "Web 应用软件开发" 技能大赛赛项中前端开发的技能知识点的要求，可谓是 "技能证书 + 技能大赛" 双重需求。本书的编写与实际岗位相吻合，校企合作设计与开发，通过企业化项目强化学生实践训练，培养学生 Web 前端开发能力。

随着移动互联网技术的快速发展，移动端开发变得越来越重要。Bootstrap 是可以快速、有效构建响应式网站的前端框架，也是目前最流行的框架之一，深受广大 Web 前端开发人员的喜爱。目前使用较广的是版本 4，故本书以 Bootstrap4 为基础进行讲解。

本书涵盖了 Bootstrap 的基础知识，实例丰富实用，每个知识点都结合具体实例来展示其效果，最后还配有 Bootstrap 综合实战。全书共 7 个项目，每个项目是构建响应式网页的一个相关主题，具体安排如下：

项目 1 弹性盒布局，Bootstrap 从版本 4 开始不同于原来的版本，它是基于弹性盒布局的，因此本项目介绍了弹性盒布局的基础知识。

项目 2 响应式页面设计，主要介绍了媒体查询、响应式布局等。

项目 3 Bootstrap 布局，主要介绍了 Bootstrap 的下载、容器、栅格系统。

项目 4 Bootstrap 内容，主要介绍了 Bootstrap 中的排版元素以及表格、按钮。

项目 5 Bootstrap 公共样式，主要介绍了公共样式中的颜色、边框、显示、隐藏、宽度、高度、间隔以及 flex 弹性布局。

项目 6 Bootstrap 组件，主要介绍了 Bootstrap 响应式导航条、下拉菜单、列表组、轮播图、模态框、媒体对象等，其中包括 Bootstrap 框架中各 JavaScript 插件的使用，包括触发、属性、方法、事件。

项目 7 Bootstrap4 综合实战，以两个完备的实战项目详细讲解如何从零开始搭建 Bootstrap 网站，使 Bootstrap 知识得到综合应用，提高读者的动手编码能力。

本书得到了苏州双艺科技咨询有限公司的大力支持，是一本源于企业实践的看得懂、学得会、用得上的教材。同时，本书得到江苏省高校"青蓝工程"项目资助，同时也是该项目的研究成果。

本书是集体智慧的结晶，由朱翠苗、郑广成、史桂红、孔小兵（企业）、俞国红编写，编写人员是长期教授前端设计课程的教师或掌握学科前沿技术的企业工程师，但由于编写时间仓促，再加上编者水平有限，书中难免有不足之处，敬请广大读者批评指正。

目 录

项目 **1**

弹性盒布局

任务 1.1　认识 flex 弹性盒布局

任务描述

网站设计使用固定宽度（如 980 px）是期望给所有终端用户带来较为一致的浏览体验，但这种固定宽度设计在笔记本上显示刚刚好，而在部分高分辨率显示器上却会在两边出现空白。这样的网页对使用高分辨率显示器的用户的体验是极差的。同理，如果设置 1 280 px 的固定宽度，在低分辨率的显示器上去浏览，那么就会出现横向的滚动条，需要用户滑动滚动条才能看清楚网页右边的内容，用户体验也是很不好的。那么如何解决上述问题呢？

任务实施

1.1.1　为什么使用弹性布局

Web 开发分为 PC 端的 Web 开发和移动端的 Web 开发。现在主要学习移动端 Web 的开发，学习这部分内容需要有一定的 HTML、CSS、JavaScript 基础。

目前市场常见的移动端 Web 开发有单独制作移动端页面和响应式页面两种方案，主流的选择是单独制作移动端页面。

京东商城手机版、淘宝触屏版、苏宁易购手机版、小米手机版 m. mi. com 等都采用了单独制作移动端页面（是主流方式）的方式。单独移动端页面（主流），通常情况下，网址域名前面加 m(mobile) 可以打开移动端。通过判断设备，如果是移动设备打开，则跳到移动端页面。而像三星手机官网 https://www. samsung. com/cn，则是采用了响应式页面兼容移动端（非主流方式）的制作方式，通过判断屏幕宽度来改变样式，以适应不同终端。缺点是制作麻烦，需要消耗很大精力去调整兼容性问题。

对于单独制作移动端页面，通常采用的布局方式有流式布局（百分比布局）、flex 弹性布局（强烈推荐）、rem + 媒体查询 + less 布局、混合布局。响应式页面兼容移动端，通常采用的布局方式有媒体查询、Bootstrap。

本书主要介绍 flex 弹性布局，重点介绍 Bootstrap，其他布局方式大家可以参考其他教材。

先从一个 PC 端的固定布局开始入手分析，具体代码如下。

示例 1：

```
<body>
    <div id="container">
        <div id="header">顶部(header)</div>
        <!--顶部(header)结束-->
        <div id="main">
            <div class="leftcategory">左侧商品分类(category)</div>
            <div class="midcontent">中间内容(content)</div>
            <div class="rightsidebar">右侧(sidebar)内容</div>
        </div>
        <!--主体(main)结束-->
        <div id="footer">底部(footer)</div>
        <!--底部(footer)结束-->
    </div>
    <!--整个容器(container)结束-->
</body>
```

样式代码如下：

```
<style type="text/css">
    /*设置整个网页的通用默认样式*/
    *{
        margin:0px;
        padding:0px;
    }
    /*页面层容器container,整个容器居中*/
    #container{
        width:980px;
        margin:0px auto;
    }
    /*设置头部、主体、脚部的高度以及背景色*/
    #header{
        width:100%;
        height:150px;
        /*图片高度150*/
        background-color:#008B8B;
        /*设置头部的logo、右边菜单、右边欢迎词和下边的导航*/
    }
    #main{
        width:100% ;
        height:400px
    }
```

```
    .leftcategory,
    .midcontent,
    .rightsidebar{
        float:left;
        width:20% ;
        height:100%
    }
    /*相同属性集体声明*/
    .leftcategory{
        background:#666;
    }
    .rightsidebar{
        background:blue;
    }
    .midcontent{
        width:60%;
        background:red
    }
    /*内容宽度覆盖掉*/
    #footer{
        width:100%;
        height:100px;
        background:#ccc;
    }
}
</style>
```

　　上面的代码在宽屏浏览器中的显示效果如图 1 - 1 所示。在网页的左边和右边都出现了空白，这是因为网页内容的总宽度是 980 像素，而浏览器的总宽度是 1 280 像素。所以网页就会出现多余的空白。

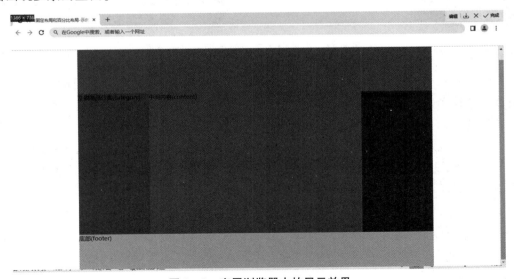

图 1 - 1　宽屏浏览器中的显示效果

如果浏览器的宽度变小，会是什么样的效果呢？尝试之后显示效果如图 1 − 2 所示。可以看出，网页内容当中有一部分被遮挡住了，需要用户滚动横向滚动条才能看到完整的网页，这样的浏览效果对于用户来说体验是非常不好的，接下来介绍两种方法来解决上述问题。

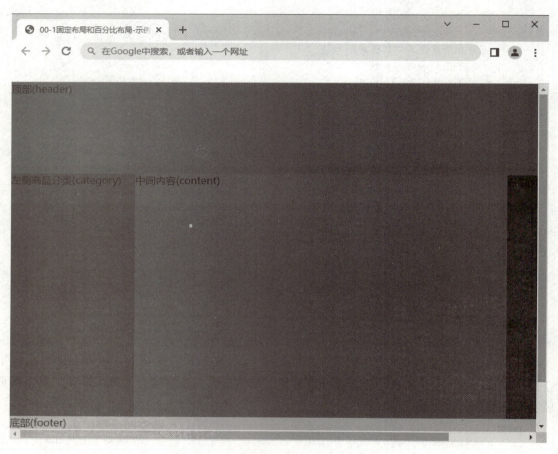

图 1 − 2 浏览器的宽度变小后的显示效果

我们思考一下，为什么页面在不同的浏览器尺寸下显示会有差别，原因是元素设定了固定宽度，从这个角度出发，如果网页宽度不是一个固定值，是否就可以就有弹性呢？可以利用流式布局（百分比布局），该布局是非固定像素布局，通过将盒子的宽度设置成百分比来根据屏幕的宽度进行伸缩，不受固定像素的限制，内容向两侧填充。使用流式布局时，必须先给 body 写宽度 100%，给其他盒子写 xx%。高度没有办法确定，所以，一般只能写固定高度或者设备高度 100 vh。为控制屏幕的大小，使用 max − width 最大宽度（max − height 最大高度）和 min − width 最小宽度（min − height 最小高度）来进行设置。

下面把上面的固定宽度改为百分比，分别在宽屏和窄屏上显示，如图 1 − 3 和图 1 − 4 所示。

图 1-3　用百分比设置宽度在宽屏浏览器中的显示效果

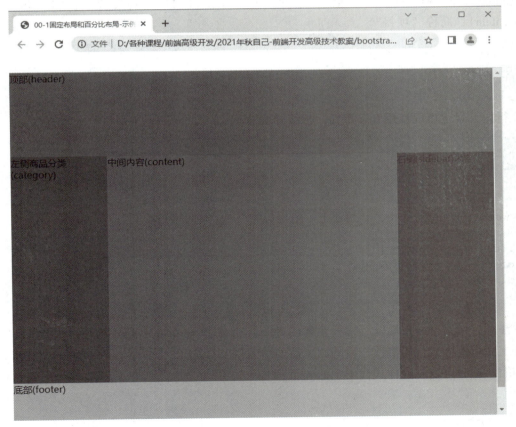

图 1-4　用百分比设置宽度在窄屏浏览器中的显示效果

```
/*页面层容器 container,整个容器居中 */
#container{
    width:100%;
    margin:0px auto;
}
```

1.1.2　初识 flex 弹性布局

　　flex 是 Flexible Box 的缩写，意为"弹性的盒子"，是在 CSS3 中引入的，用来为盒状模型提供最大的灵活性，加快网页布局的开发速度。引入弹性盒布局模型的目的是提供一种更加有效的方式来对一个容器中的子元素进行排列、对齐和分配空白空间。这是一种当页面需要适应不同的屏幕大小以及设备类型时，确保元素拥有恰当的行为的布局方式。

　　弹性盒布局多应用于移动端 Web 开发。

　　弹性盒改进了块模型，即使不使用浮动，也不会在弹性盒容器与其内容之间合并外边距，是一种非常灵活的布局方法。

　　任何一个容器都可以指定为 flex 布局，块级弹性盒子。用 flex 布局的元素，称为 flex 容器（Flex container），简称"容器"，它的所有子元素自动成为容器成员，称为 flex 项目（Flex item），简称"项目"。

```
.box{
display:flex;
}
```

　　行内元素也可以使用 flex 布局，行级弹性盒子。

```
.box{
display:inline-flex;
}
```

　　webkit 内核的浏览器，必须加上 -webkit 前缀。

```
.box{
display:-webkit-flex;/*Safari */
display:flex;
}
```

　　注意，设为 flex 布局以后，子元素的 float、clear 和 vertical-align 属性将失效。下面演示将上面示例样式代码修改之后的浏览器显示效果，如图 1-5 所示，网页中的内容可以自动伸缩。这时可以删除样式代码中的 float 属性。

```
#container{
    display:flex;
    margin:0px auto;
```

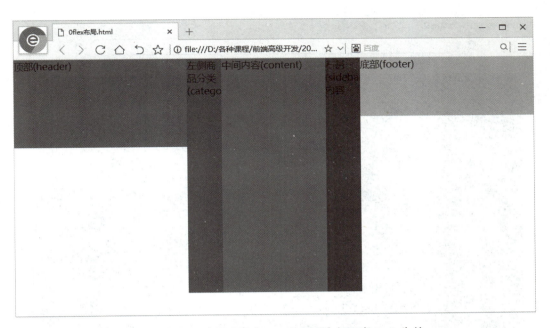

图 1 - 5　外层容器设置为 flex 布局后内部元素 float 失效

```
#container{
    display:flex;
    margin:0px auto;
    flex - direction: column;
}
#main{
    width: 100%;
    height: 400px;
    display: flex;
}
```

增加 container 的 flex - direction：column 样式，效果如图 1 - 6 所示。

下面将详细介绍弹性盒布局。

弹性盒布局主要应用于移动 Web 开发，弹性（伸缩）盒子由弹性容器和弹性子元素组成。弹性容器通过设置 display 属性的值为 flex 或 inline - flex 将其定义为弹性容器。弹性容器内包含了一个或多个弹性子元素，如图 1 - 7 所示。

指定一个盒子为弹性（伸缩）盒子 display：flex，然后它的子元素（不是孙子级别）就拥有了一些特性，也就是说，弹性容器外及弹性子元素内都是正常渲染的。并且该盒子会拥有一个主轴和一个侧轴（交叉轴），而且主轴、侧轴有方向，默认主轴是水平，方向从左到右，侧轴（交叉轴）垂直于主轴，即垂直方向，方向上向下。

通过设置弹性盒子的 flex - direction 属性来指定主轴及其方向，通过 justify - content 调整主轴的排版，通过 align - items 调整侧轴的排版，如图 1 - 8 所示。

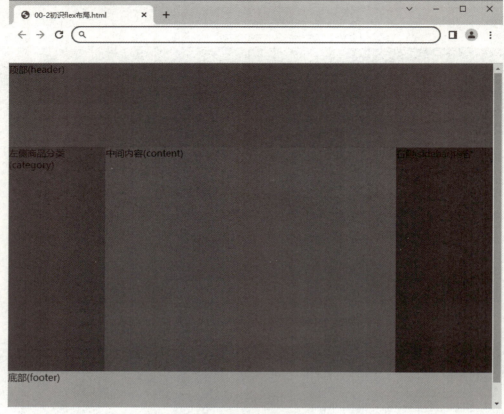

图 1 – 6　外层容器设置 flex – direction：column 的效果

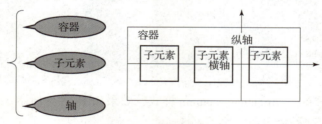

图 1 – 7　弹性盒子组成

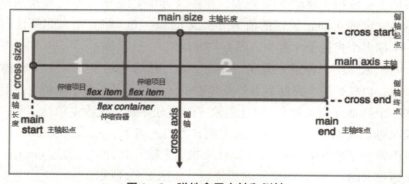

图 1 – 8　弹性盒子主轴和侧轴

CSS3 在布局方面做了非常大的改进，使得我们对块级元素的布局排列变得十分灵活，适应性非常强，其强大的伸缩性在响应式中可以发挥极大的作用：排版、布局，将盒子内的元素在水平方向上进行左对齐、右对齐、居中对齐、两端对齐、环绕对齐；在垂直方向上进行上对齐、下对齐、垂直居中对齐、拉伸对齐等。

 任务总结

　　本任务中，认识了 flex 弹性盒布局，设置 display：flex 的元素称为 flex 容器，简称"容器"，它的所有子元素自动成为容器成员，称为 flex 项目，简称"项目"。flex 布局的优势是：操作方便，布局极为简单，移动端应用广泛；PC 端浏览器支持情况较差；IE11 或更低版本不支持或仅部分支持。弹性布局的主要思想是让容器有能力来改变项目的宽度和高度，以填满可用空间（主要是为了容纳所有类型的显示设备和屏幕尺寸）。

任务 1.2　使用弹性盒容器的属性整体控制子元素

 **任务描述**

　　对弹性盒容器可以进行表 1－1 所列属性设置，可以实现对子元素的整体控制，改变子元素的排列方式等。如果一个元素设置成弹性布局，那么这些属性对子元素会产生什么样的影响呢？通过下面的任务实施可得到解答。

表 1－1　弹性盒容器的属性

属性	描述
flex – direction	指定弹性容器的主轴和主轴方向
flex – wrap	设置弹性盒子的子元素超出父容器时是否换行
flex – flow	flex – direction 和 flex – wrap 的简写
justify – content	设置弹性盒子元素在主轴方向上的对齐方式
align – items	设置弹性盒子元素在侧轴方向上的对齐方式
align – content	设置多行元素在侧轴（交叉轴）上的排列方式，修改 flex – wrap 属性的行为，类似 align – items，但不是设置子元素对齐，而是设置行对齐

任务实施

1.2.1　flex – direction 设置主轴及其方向

　　flex – direction 属性应用在弹性容器上，指定弹性容器的主轴和主轴方向，如图 1－9 所示。

图1-9 **flex-direction** 属性示意图

语法：

```
flex-direction:row|row-reverse|column|column-reverse
```

可取值：

- row（默认值）：主轴为水平（横向）且方向是从左到右，是默认的主轴和方向，起点在左端。
- row-reverse：主轴为水平（横向）且方向是从右到左，起点在右端。
- column：主轴为垂直（纵向）且方向是从上到下，起点在上沿。
- column-reverse：主轴为垂直（纵向）且方向是从下到上，起点在下沿。

示例2演示了flex-direction不同取值的情况。

示例2：

①flex-direction取值为row-reverse的情况，效果如图1-10所示。

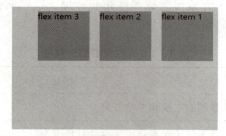

图1-10 **flex-direction** 取值 **row-reverse**

```
<!DOCTYPE html>
<html>
<head>
<meta charset="utf-8">
<title></title>
<style>
.flex-container{
display:-webkit-flex;
display:flex;
-webkit-flex-direction:row-reverse;
flex-direction:row-reverse;
width:400px;
height:250px;
```

```
background - color:lightgrey;
}
.flex - item{
background - color:cornflowerblue;
width:100px;
height:100px;
margin:10px;
}
</style >
</head >
<body >
    <div class = "flex - container">
        <div class = "flex - item">flex item1 </div >
        <div class = "flex - item">flex item2 </div >
        <div class = "flex - item">flex item3 </div >
    </div >
</body >
</html >
```

②图 1 - 11 演示了 flex - direction 取值为 column 的情况。

③图 1 - 12 演示了 flex - direction 取值为 column - reverse 的使用情况。

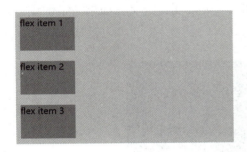

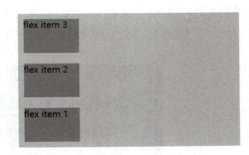

图 1 - 11　flex - direction 取值 column　　　　图 1 - 12　flex - direction 取值 column - reverse

图 1 - 13 和图 1 - 14 演示了四种取值的情况。

flex-direction取值row（默认值）：主轴为水平方向，起点在左端

flex-direction取值row-reverse：主轴为水平方向，起点在右端

图 1 - 13　主轴为水平

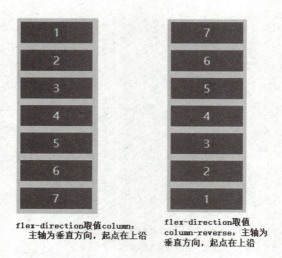

flex-direction取值column:
主轴为垂直方向，起点在上沿

flex-direction取值
column-reverse: 主轴为
垂直方向，起点在上沿

图 1 – 14 主轴为垂直

1.2.2 flex – wrap 设置换行方式

属性 flex – wrap 应用在弹性容器上，用于指定弹性盒子的子元素换行方式。默认情况下，项目都排在一条线（又称"轴线"）上。根据 flex – wrap 属性定义，如果一条轴线排不下，可以换行，如图 1 – 15 所示。

图 1 – 15 属性 flex – wrap 示意图

语法：

```
flex – wrap:nowrap|wrap|wrap – reverse|initial|inherit;
```

可取值（图 1 – 16）：

● nowrap：默认，弹性容器为单行，不换行。

● wrap：换行，从上到下进行，弹性盒子内的元素溢出时换行，从盒子底部开始排列，第一行在上方。如果主轴是垂直轴，则是从左到右进行。

● wrap – reverse：反向换行，从下往上进行，弹性盒子内的元素溢出时换行，从盒子底部开始排列，第一行在下方。如果主轴是垂直轴，则是从右到左进行。

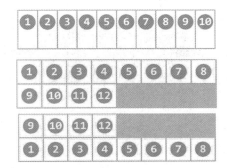

图 1 – 16   属性 flex – wrap 的取值 nowrap、wrap、wrap – reverse

示例 3 演示了 flex – wrap 不同的取值情况。

示例 3：

1. 不换行

```
<!DOCTYPE html >
<html >
<head >
<meta charset = "utf - 8">
<title > </title >
<style >
.flex - container{
display: -webkit - flex;
display:flex;
-webkit - flex - wrap:nowrap;
flex - wrap:nowrap;
width:300px;
height:250px;
background - color:lightgrey;
}
.flex - item{
background - color:cornflowerblue;
width:100px;
height:100px;
margin:10px;
}
</style >
</head >
<body >
<div class = "flex - container">
   <div class = "flex - item">flexitem1 </div >
   <div class = "flex - item">flexitem2 </div >
   <div class = "flex - item">flexitem3 </div >
</div >
</body >
</html >
```

结果如图 1 – 17 所示。

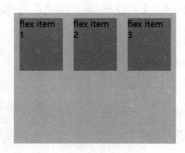

图 1 – 17 flex – wrap 取值 nowrap

2. 换行

```
<!DOCTYPE html >
<html >
<head >
<meta charset = "utf - 8">
<title > </title >
<style >
.flex - container{
display: - webkit - flex;
display:flex;
 - webkit - flex - wrap:wrap;
flex - wrap:wrap;
width:300px;
height:250px;
background - color:lightgrey;
}
.flex - item{
background - color:cornflowerblue;
width:100px;
height:100px;
margin:10px;
}
</style >
</head >
<body >
<div class = "flex - container">
<div class = "flex - item">flexitem1 </div >
<div class = "flex - item">flexitem2 </div >
<div class = "flex - item">flexitem3 </div >
</div >
</body >
</html >
```

结果如图 1 – 18 所示。

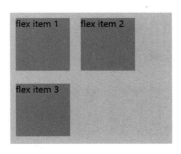

图 1-18　flex-wrap 取值 wrap

3. wrap-reverse

```
<!DOCTYPE html>
<html>
<head>
<meta charset="utf-8">
<title></title>
<style>
.flex-container{
display:-webkit-flex;
display:flex;
-webkit-flex-wrap:wrap-reverse;
flex-wrap:wrap-reverse;
width:300px;
height:250px;
background-color:lightgrey;
}
.flex-item{
background-color:cornflowerblue;
width:100px;
height:100px;
margin:10px;
}
</style>
</head>
<body>
<div class="flex-container">
<div class="flex-item">flexitem1</div>
<div class="flex-item">flexitem2</div>
<div class="flex-item">flexitem3</div>
</div>

</body>
</html>
```

结果如图 1-19 所示。

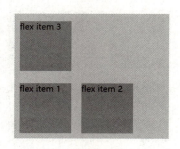

图 1 – 19　flex – wrap 取值 wrap – reverse

1.2.3　flex – flow 设置主轴方向和换行方式

属性 flex – flow 应用在弹性容器上，是 flex – direction 和 flex – wrap 的简写。它的取值可以是上面两个属性的所有取值。比如 flex – flow：row wrap，或者 flex – flow：column wrap 等取值方式。

①flex – direction：row | row – reverse | column | column – reverse。

②flex – wrap 可能取三个值：nowrap（默认），不换行；wrap，换行，第一行在上方；wrap – reverse，换行，第一行在下方。

1.2.4　justify – content 设置主轴元素的排列方式

justify – content 属性应用在弹性容器上，设置主轴元素的排列方式。主轴可以是水平轴，也可以是垂直轴。

justify – content 语法如下：

```
justify - content:flex - start | flex - end|center | space - between|space - around
```

可取值（图 1 – 20 ~ 图 1 – 24）：

● flex – start（默认值）：从主轴开始地方对齐。即子盒子从所设定的起始位置开始排列出来，空隙留后面。

● flex – end：从主轴结束地方对齐。即子盒子从所设定的终止位置开始排列出来，空隙留前面。

● center：主轴方向居中对齐。即子盒子完全从居中的位置开始排列出来，空隙留两边。

● space – between：两端对齐，项目之间的间隔都相等，多余的空间围绕在每一个子元素左右两边。即子盒子两边紧靠父盒子，空隙留在相互的中间且均等。

● space – around：环绕对齐，每个项目两侧的间隔相等。所以，项目之间的间隔比项目与边框的间隔大一倍。即子盒子均衡布置，分布给每个盒子的空隙都一样。

如果主轴是水平轴，各种取值演示如下：

```
<!DOCTYPE html >
<html >
    <head >
        <meta charset = "UTF - 8">
        <title > </title >
        <style type = "text/css">
        /* justify - content 属性
flex - start:从左到右排列
flex - end:从右到左排列
center:中间开始排列
space - between:平分
space - around:平分,且两边占 1/2
* /
.flex - container{
display:flex;
display: - webkit - flex;
width:400px;
height:400px;
background - color:darkcyan;
justify - content:flex - start;
}

.flex - item{
width:80px;
height:80px;
margin:10px;
background - color:yellowgreen;
}
</style >
<body >
<div class = "flex - container">
<div class = "flex - itemone">盒子 1 </div >
<div class = "flex - itemtow">盒子 2 </div >
<div class = "flex - itemthree">盒子 3 </div >
</div >
</body >
</html >
```

图 1 - 20　justify - content 取值 flex - start

图 1 - 21　justify - content 取值 flex - end

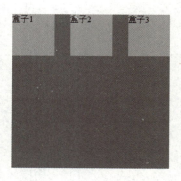

图 1 – 22　justify – content 取值 center　　　图 1 – 23　justify – content 取值 space – between

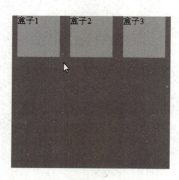

图 1 – 24　justify – content 取值 space – around

如果主轴是垂直轴，情况自己可以进行尝试。

1.2.5　align – items 设置侧轴（交叉轴）元素的排列方式

align – items 属性应用在弹性容器上，设置侧轴元素的排列方式。主轴可以是水平轴，也可以是垂直轴。

语法：

```
align-items:flex-start|flex-end|center|baseline|stretch
```

可取值：

- flex – start：从侧轴开始地方对齐。
- flex – end：从侧轴结束地方对齐。
- center：侧轴方向居中对齐。
- baseline：项目的第一行文字的基线对齐。

stretch（默认值）：侧轴拉伸对齐。如果项目未设置高度或设为 auto，将占满整个容器的高度。各种取值演示如图 1 – 25 ~ 图 1 – 27 所示。align – items:stretch 浏览没变化。把子元素的高度去掉。

掌握以上知识后，完成如图 1 – 28 所示的弹性盒布局。

图 1 - 25　align - items 取值 flex - end

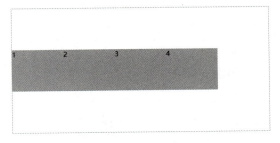

图 1 - 26　align - items 取值 center

图 1 - 27　align - items 取值 stretch

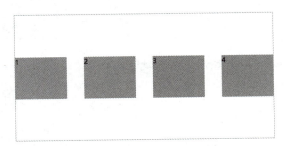

图 1 - 28　主轴、侧轴对齐方式

1.2.6　align - content 多行元素在侧轴（交叉轴）的排列方式

　　align - content 属性应用在弹性容器上，当 flex - wrap 取值为 wrap 时，进行强制换行后形成的独立行可以使用 align - content 进行整体调整，经常与 flex - wrap 同时使用。图 1 - 29

所示为京东页面在移动设备上的效果图，图中京东超市、数码电器等图标区域的布局就是先进行强制换行设置，然后通过 align–content 属性进行多行元素的排列方式设置。

图 1–29　京东移动设备页面效果

语法

```
align – content:flex – start│flex –end│center│space –between│space – around│
stretch;
```

取值（图 1–30～图 1–35）：

● stretch：默认值，轴线占满整个交叉轴，各行将会伸展，以占用剩余的空间。

● flex – start：与交叉轴的起点对齐，各行向弹性盒容器的起始位置堆叠。

● flex – end：与交叉轴的终点对齐，各行向弹性盒容器的结束位置堆叠。

● center：与交叉轴的中点对齐，各行向弹性盒容器的中间位置堆叠。

● space – between：与交叉轴两端对齐，轴线之间的间隔平均分布，各行在弹性盒容器中平均分布。

● space – around：每根轴线两侧的间隔都相等。所以，轴线之间的间隔比轴线与边框的间隔大一倍。各行在弹性盒容器中平均分布，两端保留子元素与子元素之间间距大小的一半。

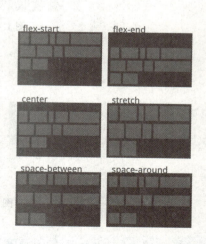

图 1–30　align – content 属性示意图

● space – evenly：元素之间完全的平均分布。即均匀排列每行，每行之间的间隔相等。

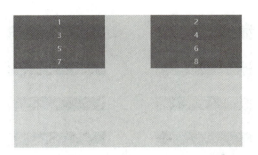

图 1 – 31　align – content 取值 flex – start

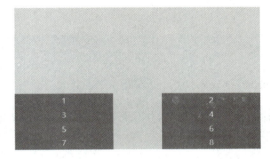

图 1 – 32　align – content 取值 flex – end

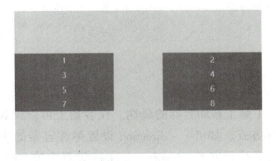

图 1 – 33　align – content 取值 center

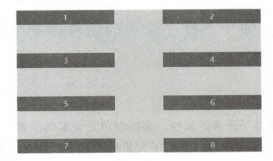

图 1 – 34　align – content 取值 space – between

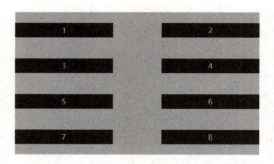

图 1 – 35　align – content 取值 space – around

示例 4：

```
.flex – container{
    display: flex;
    display: – webkit – flex;
    width: 300px;
    height: 500px;
    background – color: darkcyan;
    flex – wrap: wrap;
        /*尝试 align – content 的每一个取值*/
    align – content: center;
        /*改变主轴后尝试 align – content 的每一个取值*/
}
```

 **任务总结**

　　通过本任务的学习，了解了布局容器的属性。在容器上可以设置属性来改变容器的主、侧轴以及主、侧轴的排版方式。如 flex – direction 设置弹性容器的主轴和主轴方向，flex – wrap 指定弹性容器的子元素换行方式，justify – content 设置主轴上的排版方式，align – items 设置侧轴上的排列方式。

任务 1.3　使用弹性子元素的属性控制个别子元素

任务描述

　　可以通过设置某个弹性子元素的属性，来控制单个元素的位置、排列顺序等，可以设置的属性见表 1 – 2。那么这些属性的设置对子元素的布局会产生什么样的影响呢？通过下面的任务实施得以解答。

表 1 – 2　弹性子元素的属性

属性	描述
align – self	设置弹性盒子元素在侧轴上的排列方式，覆盖容器的 align – items 属性
flex – grow	设置弹性盒子元素的扩展比率
flex – shrink	设置弹性盒子元素的收缩规则。flex 元素仅在默认宽度之和大于容器的时候才会发生收缩，其收缩的大小取决于 flex – shrink 的值
flex – basis	设置弹性盒子元素伸缩基准值
flex	是 flex – grow、flex – shrink、flex – basis 的缩写，设置弹性盒子元素空间分配
order	设置弹性盒子的子元素排列顺序

 **任务实施**

1.3.1　align – self 设置子元素在侧轴（交叉轴）的对齐方式

align – self 属性在弹性子元素上使用，定义 flex 子项单独在侧轴（纵轴）方向上的对齐方式，覆盖容器的 align – items 属性，允许单个项目有与其他项目不一样的对齐方式。默认值为 auto，表示继承父元素的 align – items 属性，如果没有父元素，则等同于 stretch。

```
.item{
align – self:auto | flex – start | flex – end | center | baseline | stretch;
}
```

该属性可能取 6 个值，除了 auto，其他都与 align – items 属性完全一致，大家可以自己尝试应用。

1.3.2　flex – grow 设置子元素主轴放大比例

当 flex – wrap：nowrap 不折行，容器宽度有剩余或不够分时，弹性元素该怎么"弹性"地伸缩应对呢？这里针对上面两种场景引入两个属性，需应用在弹性元素上：一个是 flex – grow：放大比例（容器宽度大于元素总宽度时如何伸展），一个是 flex – shrink：缩小比例（容器宽度小于元素总宽度时如何收缩）。无多余宽度时，flex – grow 无效。放大的计算方法与缩小的计算方法不一样。

flex – grow 属性定义项目的放大比例，默认为 0，即如果存在剩余空间，也不放大，原来多大就是多大，如图 1 – 36 所示。

```
.item{
flex – grow:<number>;/*default0*/
}
```

如果所有项目的 flex – grow 属性都为 1，则它们将等分剩余空间（如果有的话）。如果一个项目的 flex – grow 属性为 2，其他项目都为 1，则前者占据的剩余空间将比其他项多一倍，如图 1 – 37 所示。

图 1 – 36　flex – grow 取默认值 0　　　　图 1 – 37　flex – grow 取值 1、2、1

如果三个弹性子元素分别设置了 flex – grow 为 1、3、6，即宽度分成 10 等份，第三个元素所占宽度为［宽度/(1 + 3 + 6)］*6。

下面进行详细说明。假设弹性容器 #container 宽度是 200 px，但此时只有两个弹性元素，宽度分别是 50 px、100 px。此时容器宽度是有剩余的。那么剩余的宽度该怎样分配？而 flex – grow 则决定了要不要分配以及每个分配多少。

①在 flex 布局中，容器剩余宽度默认是不进行分配的，也就是所有弹性元素的 flex – grow 都为 0，结果如图 1 – 38 所示。

图 1 – 38　flex – grow 都为 0

②通过指定 flex – grow 为大于零的值，实现容器剩余宽度的分配比例设置，元素放大的计算方法：它仅仅按 flex – grow 声明的份数算出每个需分配多少，然后叠加到原来的尺寸上，如图 1 – 39 所示。如果弹性子元素 1 的 flex – grow 设置为 3，弹性子元素 2 的 flex – grow 设置为 2，则计算方法如下。

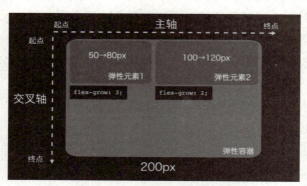

图 1 – 39　flex – grow 为大于零的值

容器剩余宽度：50 px。

分成每份：50 px／(3 + 2) = 10 px。

元素 1 放大为：50 px + 10 px * 3 = 80 px。

示例 5：

```
<!DOCTYPE html >
<html >
    <head >
        <meta charset = "UTF - 8 ">
        <title > </title >
        <style type = "text/css">
        /* flex 属性用于指定弹性子元素如何分配空间。*/
.flex - container{
   display: flex;
   display: - webkit - flex;
   width: 500px;
   height: 200px;
   background - color: darkcyan;
}
.flex - item{
   margin: 10px;
   background - color: yellowgreen;
}
.one{
  flex: 2;
  - webkit - flex: 2;
}
.tow{
   flex: 1;
   - webkit - flex: 1;
}
.three{
   flex: 1;
   - webkit - flex: 1;
}
</style >

<body >
  <div class = "flex - container">
    <div class = "flex - item one">盒子 1 </div >
    <div class = "flex - item tow">盒子 2 </div >
    <div class = "flex - item three">盒子 3 </div >
  </div >
</body >
</html >
```

效果如图 1 - 40 所示。

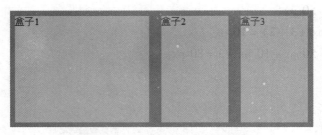

图 1 – 40　设置 **flex – grow** 效果

flex 容器每一行的宽度 = 每个子容器的宽度 + 子元素对应轴的 margin 值。如果 flex – grow 的值为 0，则不出现伸展。如果 flex – grow 的值不为 0，并且子盒子的 flex – basis（或 width）值之和小于容器的 padding 的左边界到右边界的值，那么子盒子会根据申明的 flex – grow 值去分配剩余的空间。

示例 6：

```
<!DOCTYPE html >
<html lang = "en">
<head >
<meta charset = "UTF -8">
<title >test </title >
<!-- 当子盒子小于父容器尺寸时,flex 容器每一行的宽度 = 每个子容器的宽度 + 子元素对应轴的
margin 值 -->
<style >
.container{
display:flex;
width:400px;
border:1px solid #C0C0C0;
}
.container >div{
height:40px;
}
.first{
flex:100;
background - color:red;
}
.second{
flex:200;
background - color:blue;
margin:0 50px;
}
.third{
flex:300;
background - color:yellow;
}
</style >
</head >
<body >
```

```
<div class ='container'>
  <div class ='first'> </div>
  <div class ='second'> </div>
  <div class ='third'> </div>
</div>
</body>
```

上面代码中，定义了外层容器的 width 为 400 px，弹性盒内第二子元素的 margin 为 100 px，现在 flex – basis 属性值为 0，剩下空间为 300 px，则根据每个盒子 flex – grow 属性值及其权重来分配剩余空间，如图 1 – 41 所示。

.first 宽度 $300 * [100/(100 + 200 + 300)] = 50(px)$

.second 宽度 $300 * [200/(100 + 200 + 300)] = 100(px)$

.third 宽度 $300 * [300/(100 + 200 + 300)] = 150(px)$

图 1 – 41　flex – grow 分配剩余空间

通过上面知识的学习，查看图 1 – 42 "本地宝" 小程序的页面效果，以及图 1 – 29 京东效果，它们的布局类似，分为顶部、中间内容区、底部导航区。现在用弹性盒完成布局。

图 1 – 42　本地宝小程序的页面效果

body 的高度为视口的高度，主轴方向为垂直方向，高度为 50 px，设为弹性盒，主体区域设置拉伸，底部区域设置高度。

示例 7：

```
< head >
    < meta charset = "UTF - 8 " >
    < meta name = "viewport" content = " width = device - width,initial - scale = 1" / >
    < style type = "text/css" >
        * {
            padding: 0;
            margin: 0;
        }
        body {
            height: 100vh;
            display: flex;
            background - color: darkcyan;
            flex - direction: column;
            justify - content: space - between;
        }
        header {
            background - color: #0000FF;
            height: 50px;
        }
        main {
            flex - grow: 1;
            background - color: #666666;
        }
        footer {
            background - color: #008B8B;
            height: 50px;
        }
    </ style >
</ head >
< body >
    < header > </ header >
    < main > </ main >
    < footer > </ footer >
</ body >
```

效果如图 1 - 43 所示。

图 1 - 43   网页布局效果

示例 7 中，使用 meta 标签，引入视口，$<$meta name $=$ "viewport" content $=$ "width $=$ device $-$ width, initial $-$ scale $=1$ " $/>$，这里大家暂且知道这样使用，视口的概念我们在后面进行详细讲解。

1.3.3　flex $-$ shrink 设置子元素主轴缩小比例

flex $-$ shrink 属性定义了项目的缩小比例，默认为 1，即如果空间不足，该项目将缩小。

```
.item{
flex-shrink:<number>;/* default1 */
}
```

如果所有项目的 flex $-$ shrink 属性都为 1，当空间不足时，并非严格等比例缩小，它还会考虑弹性元素本身的大小。如果一个项目的 flex $-$ shrink 属性为 0，其他项目都为 1，则空间不足时，前者不缩小。

flex $-$ shrink 属性如图 1 $-$ 44 所示。

图 1 $-$ 44　flex $-$ shrink 属性

来看以下场景，弹性容器#container 宽度是 200 px，一共有三个弹性元素，宽度分别是 50 px、100 px、120 px。在不折行的情况下，此时容器宽度是明显不够分配的。

```
#container{
display:flex;
flex-wrap:nowrap;
}
```

深究一下它的收缩计算方法。

弹性元素 1：50 px→37.03 px。

弹性元素 2：100 px→74.08 px。

弹性元素 3：120 px→88.89 px。

容器剩余宽度：-70 px，缩小因子的分母：$1*50+1*100+1*120=270$（1 为各元素 flex $-$ shrink 的值），元素 1 的缩小因子：$1*50/270$，元素 1 的缩小宽度为缩小因子乘以容器剩余宽度：$1*50/[270*(-70)]$ px，元素 1 最后缩小为 $50+1*50/[270*(-70)]=37.03$(px)。加入弹性元素本身大小作为计算方法的考虑因素，主要是为了避免将一些本身宽度较小的元素在收缩之后宽度变为 0 的情况出现。

对于 flex $-$ shrink，在容器宽度有剩余时是不会生效的。

可以尝试以下情况：各子元素宽度相同，flex $-$ shrink 是 1 的情况；各子元素宽度相同，flex $-$ shrink 不同的情况；各子元素宽度不同，flex $-$ shrink 是 1 的情况；各子元素宽度不同，flex $-$ shrink 不同的情况。缩小因子的分母是：子元素 1 的宽度 * 子元素 1 的 flex $-$ shrink +

子元素 2 的宽度 * 子元素 2 的 flex – shrink + 子元素 3 的宽度 * 子元素 3 的 flex – shrink，该和用 sum 表示，子元素 1 的缩小因子：子元素 1 的宽度 * 子元素 1 的 flex – shrink/sum，子元素 1 的缩小因子用 a1 表示，子元素 1 最后缩小的值是：缩小因子乘以缺少的宽度，a1 * 容器（缺少的）不够的宽度（* 代表乘号）。

1. 3. 4　flex – basis 设置子元素主轴的基准尺寸

flex – basis 属性定义了在分配多余空间之前，项目占据的主轴空间的尺寸。它设置的是元素在主轴上的初始尺寸。所谓的初始尺寸，就是元素在 flex – grow 和 flex – shrink 生效前的尺寸。

浏览器根据这个属性，计算主轴是否有多余空间。它的默认值为 auto。

在 flex 布局中，一个 flex 子项最终的宽度是由基础尺寸、弹性增长（flex – grow）或收缩（flex – shrink）、最大最小尺寸限制共同作用、共同决定的。其中：

- 基础尺寸由 flex – basis 属性、width 属性等以及 box – sizing 盒模型共同决定。
- 弹性增长是 flex – grow 属性，弹性收缩是 flex – shrink 属性。
- 最大最小尺寸限制指的是 min – width/max – width 等属性，以及 min – content 最小内容尺寸。

最终尺寸计算的优先级是：最大最小尺寸限制 < 弹性增长或收缩 < 基础尺寸。

在 flex 布局中，如果设置了 width 非零，而且没有设置 flex – basis，就意味着 flex – basis：auto，这种情况可以看成是 width 起作用，如图 1 – 45 所示。width：0 没有块，不显示，当子元素总尺寸不超过容器时，元素尺寸就是 width 的值，当子元素总尺寸超过容器时，因为默认 flex – shrink 是 1，是要按比例缩小的，元素尺寸就会缩小。

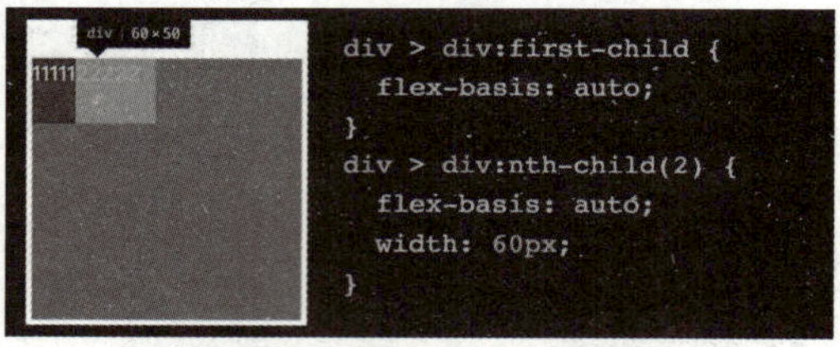

图 1 – 45　flex – basis 为 auto

在 flex 布局中，flex – basis 优先级比 width 高，因此，当 flex – basis 和 width 同时设置了具体数值时，则 width 属性在样式表现上完全被忽略，也就是 flex – basis 起作用，但一般不会同时设置这两个属性，在弹性盒布局中，一般使用 flex – basis，不用 width。如图 1 – 46 所示。

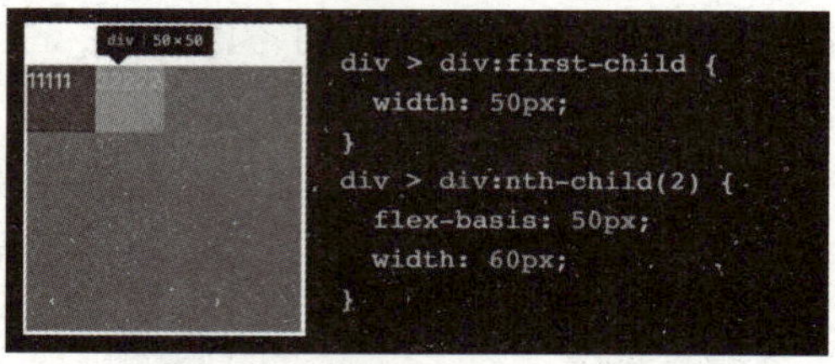

图 1 – 46　flex – basis 与 width 两者非 0

如果分别设置 2 个子元素的 flex – basis 与 width 都为 0，width 是 0，完全不显示，flex – basis 是 0，根据内容撑开宽度，如图 1 – 47 所示。

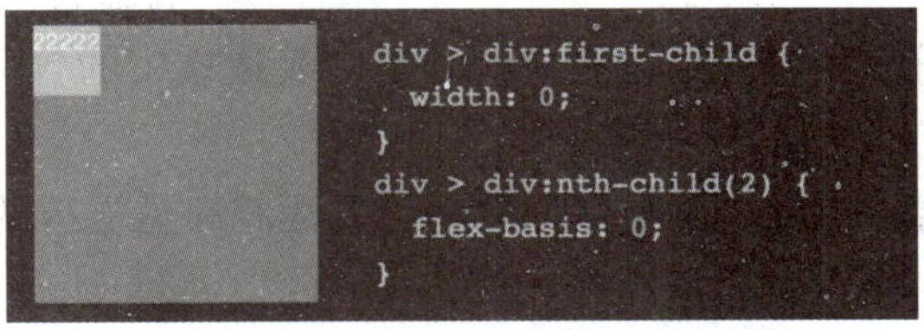

![flex-basis 与 width 两者都为 0 的代码示例]

图 1 – 47　flex – basis 与 width 两者都为 0

也就是 width 是 0 且 flex – basis 是 0 的时候，width：0 起作用，就是不显示元素块。width 非 0 且 flex – basis 是 0，width 设置的值大于内容宽度时，是元素内容宽度，width 设置的值小于内容宽度时，是 width 设置的值。width 非 0 且 flex – basis 非 0 时，flex – basis 起作用。如图 1 – 48 所示。

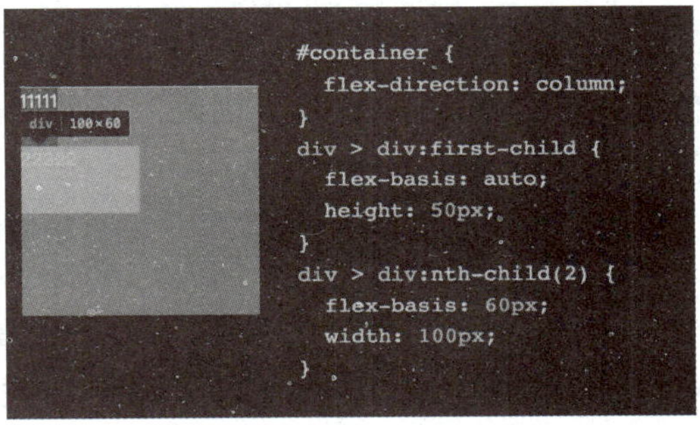

![flex-basis == 主轴上的尺寸！= width 的代码示例]

图 1 – 48　flex – basis == 主轴上的尺寸！= width

flex – basis 设置主轴上子元素的尺寸，它可以是主轴上的宽，也可以是主轴上的高。将主轴方向改为上→下，此时主轴上的尺寸是元素的 height，flex – basis == height。

一般来说，如果子元素既有 width 属性，又有 flex – basis 属性，flex – basis 属性的优先级高；如果子元素既有 max – width 或者 min – width，又有 flex – basis 属性，max – width 或者 min – width 的优先级高。min – width > ‖ max – width > flex – basis > width > Content Size。

总之，width 是 flex – basis 为 auto 或者不写时生效，其余时候使用优先级更高的 flex – basis 属性值；flex 子项元素尺寸还与元素内容自身尺寸有关，即使设置了 flex – basis 属性值；一般 flex – basis 数值属性值和 width 数值属性值不要同时使用；flex – basis 使用得当可以实现类似 min – width/max – width 的效果。

1.3.5　flex 综合属性设置子元素空间分配

CSS 中的 flex 属性是用来设置弹性盒对象的子元素如何分配空间，是 flex – grow 属性、flex – shrink 属性和 flex – basis 属性的简写。flex 属性针对的是弹性盒模型对象的子元素，对于其他元素，flex 属性不起任何作用。

1. flex 属性的语法

```
flex:none|auto|[ <'flex-grow'> <'flex-shrink'>? || <'flex-basis'>]
```

CSS 语法中的特殊符号的含义绝大多数就是正则表达式中的含义，例如单管道符｜、方括号[ ]、问号?、个数范围花括号{ }等。

单管道符｜表示或者，也就是这个符号前后的属性值都是支持的。因此，下面这些语法都是支持的：

```
flex:auto;
flex:none;
flex:[ <'flex-grow'> <'flex-shrink'>? || <'flex-basis'>]
```

方括号[ ]表示范围。也就是支持的属性值在这个范围内。先把方括号[ ]内其他特殊字符去除，可以得到下面的语法：

```
flex:[ <'flex-grow'> <'flex-shrink'> <'flex-basis'>]
```

这就是说，flex 属性值支持空格分隔的 3 个值，因此，下面的语法都是支持的。

```
/* 3 个值 */
flex:1 1 100px;
```

方括号[ ]内的其他字符，例如问号?，表示 0 个或 1 个。也就是 flex-shrink 属性可有可无。因此，flex 属性值也可以是 2 个值。所以下面的语法都是支持的。

```
/* 2 个值,不写 flex-shrink */
flex:1 100px;
/* 3 个值写 flex-shrink */
flex:1 1 100px;
```

双管道符｜｜也是独立的意思。表示前后可以分开，独立合法使用。也就是 flex：flex-grow flex-shrink? 和 flex-basis 都是合法的。于是又可以有以下写法：

```
/* 1 个值,flex-grow */
flex:1;
/* 1 个值,flex-basis */
flex: 100px;
/* 2 个值,flex-grow 和 flex-basis */
flex: 1 100px;
/* 2 个值,flex-grow 和 flex-shrink */
flex: 1 1;
```

2. flex 语法的文字表述

1 个值：

● 如果是数值，例如 flex：1，则这个 1 表示 flex – grow，此时 flex – shrink 和 flex – basis 的值分别是 1 和 0%。注意，这里的 flex – basis 的值是 0%，而不是默认值 auto。

● 如果是长度值，例如 flex：100 px，则这个 100 px 显然指 flex – basis，此时 flex – grow 和 flex – shrink 都是 1。注意，这里的 flex – grow 的值是 1，而不是默认值 0。

2 个值：

如果 flex 的属性值有两个值，则第 1 个值一定指 flex – grow，第 2 个值根据值的类型不同，表示不同的 CSS 属性，具体规则如下：

● 如果第 2 个值是数值，例如 flex：1 2，则这个 2 表示 flex – shrink，此时 flex – basis 计算值是 0%，并非默认值 auto。

● 如果第 2 个值是长度值，例如 flex：1 100 px，则这个 100 px 指 flex – basis，此时 flex – shrink 使用值 1。

3 个值：

如果 flex 的属性值有三个值，则这 3 个值分别表示 flex – grow、flex – shrink 和 flex – basis。但只要有长度，这长度值表示 flex – basis，其余 2 个数值分别表示 flex – grow 和 flex – shrink。下面两行 CSS 语句的语法都是合法的，并且含义也是一样的：

```
/*下面两行CSS语句含义是一样的*/
flex: 1 2 50%;
flex: 50% 1 2;
```

1.3.6　order 设置子元素的顺序

order 排序：设置弹性容器内弹性子元素的属性，数值越小，排列越靠前，可以为负值，默认为 0。

示例 8：

```
<style type = "text/css">
  .tow{
  order: -1;
  -webkit - order: -1;
  }
</style>
<body>
<div class = "flex - container">
<div class = "flex - itemone">盒子1</div>
<div class = "flex - itemtwo">盒子2</div>
<div class = "flex - itemthree">盒子3</div>
</div>
</body>
</html>
```

结果如图 1－49 所示。

图 1－49　子元素设置 order 属性

下面在前面示例 7 的基础上完成底部弹性布局移动端的通用菜单，来开发类似微信公众号的布局，包括底部二级菜单的弹性布局，如图 1－50 所示。

图 1－50　微信公众号示意图

底部区域分为 3 部分，设置为弹性盒，采用默认主轴，对齐方式为 space－between，并且为它增加上边框线，为 footer 中前两部分的 section 增加右边线，最后一部分去掉右边线。在 section 中增加一级菜单和二级菜单，代码如下。

示例 9：

```
< body >
    < header > </header >
    < main > </main >
    < footer
        < section >
            < h4 > 公众号 </h4 >
            < ul >
                < li > 消息管理 </li >
                < li > 数据分析 </li >
            </ul >
        </section >
        < section >
            < h4 > 小程序 </h4 >
            < ul >
                < li > 入门指南 </li >
                < li > 开发文档 </li >
            </ul >
        </section >
```

```
        <section>
            <h4>公众号</h4>
            <ul>
                <li>运营中心</li>
                <li>客服中心</li>
            </ul>
        </section>
    </footer>
</body>
```

设置 section 为弹性容器，主轴为垂直排列，并且 flex-direction：column-reverse，可以进行扩展。接下来设置 h4，h4 文本也可以使用弹性盒，或者利用行高等于内容高，沿主轴居中，文本水平居中，ul 弹性按垂直方向排，文本居中。列表项 li 使用弹性盒布局，整个样式代码如下：

```
<style>
    * {
        padding: 0;
        margin: 0;
    }
    body {
        height: 100vh;
        display: flex;
        /* background-color: darkcyan; */
        flex-direction: column;
        justify-content: space-between;
    }
    header {
        background-color: #0000FF;
        height: 50px;
    }
    main {
        flex: 1;
        background-color: #666666;
    }

    footer {
        background-color: #008B8B;
        height: 50px;
        display: flex;
        justify-content: space-between;
    }
    footer section {
        flex: 1;
        display: flex;
        flex-direction: column-reverse;
```

```
                    border – right: solid 1px #555;
        }
    footer section:last – child {
         border – right: none;
    }
    footer section h4 {
        flex: 0 0 50px;
        /* display: flex;
        flex – direction: column; */
        line – height: 50px;
        /* justify – content: center; */
        text – align: center;
        cursor: pointer;
        color: white;
    }
    footer section ul {
        display: flex;
        flex – direction: column – reverse;
        /* flex – direction: column; */
        /* border: solid 1px green; */
        text – align: center;
        justify – content: space – between;

    }
    footer section ul li {
        flex: 1 0 30px;
        display: flex;
        flex – direction: column;
        justify – content: center;
        cursor: pointer;

    }
</style>
```

任务总结

在本任务中，介绍了 flex 布局容器的属性，比如 flex – warp、flex – derection 等。但是这些属性只能改变布局方式，没法实现项目（容器内部的子元素）的一些单独设置。本次任务就是通过单独设置某些属性来改变子元素的布局，比如改变子元素的排列顺序，还有放大比例等。order 属性设置项目的排列顺序。数值越小，排列越靠前，默认为 0。flex – grow 属性设置项目的放大比例，默认为 0，即如果存在剩余空间，也不放大。flex – shrink 属性设置项目的缩小比例，默认为 1，即如果空间不足，该项目将缩小。

项目评价表

序号	学习目标	学生自评
1	认识 Flex 弹性盒布局	□能够熟练识别 flex 弹性盒布局 □需要参考教材内容才能实现 □遇到问题不知道如何解决
2	能够使用弹性盒容器的属性整体控制子元素	□能够熟练操作 □需要参考相应的代码才能实现 □无法独立完成程序的设计
3	能够使用弹性子元素的属性控制个别子元素	□能够熟练操作 □需要参考相应的代码才能实现 □无法独立完成程序的设计

评价得分			
学生自评得分 （20%）	学习成果得分 （60%）	学习过程得分 （20%）	项目综合得分

项目小结

　　CSS3 在布局方面做了非常大的改进，尤其是弹性盒布局的实施，使布局排列变得十分灵活，在响应式中可以发挥极大的作用。对弹性盒容器进行属性设置，可以将盒内的元素在水平方向上进行左对齐、右对齐、居中对齐、两端对齐、环绕对齐；在垂直方向上进行上对齐、下对齐、垂直居中对齐、拉伸对齐等。对弹性盒子元素进行属性设置，可以改变子元素的排列方式、位置、排列顺序等。弹性布局盒模型的核心，在于弹性容器中子元素的尺寸是弹性的，容器会根据布局的需要自动调整子元素的尺寸和顺序，并以最佳方式填充所有可用空间。

项目 2

响应式页面设计

 **任务描述**

响应式网页设计的一个很典型的应用，就是写一套网页代码就能适应不同的终端。不过仔细观察会发现，这个网页在电脑、平板和手机上显示的内容并非一模一样。在屏幕小的设备上，会显示网页的主要框架内容。对于装饰性的，可有可无的元素，就不再显示。怎么样才能实现这样的效果呢？媒体查询是实现这些效果所需的最强大的工具，本次主要任务就是认识和了解响应式设计、学习媒体查询。

任务实施

2.1.1 响应式设计

如果一个项目适用于多种屏幕大小，页面效果会随屏幕大小的改变而实时调整，这样的设计称为响应式设计。

响应式设计的概念是基于流式网格、流式图像、流式表格、流式视频和媒体查询等技术的组合，以显示出一个非固定尺寸的网页状态。以往固定宽度的网页布局是无法在如今的设备中达到最佳浏览体验的。

响应式布局，通过检测设备信息，决定网页布局方式，即用户如果采用不同的设备访问同一个网页，有可能会看到不一样的内容，一般情况下是通过检测设备屏幕的宽度来实现，如图 2 - 1 所示。

屏幕尺寸不一样，展示给用户的网页内容也不一样，利用媒体查询可以检测到屏幕的尺寸（主要检测宽度），并设置不同的 CSS 样式，这样就可以实现响应式的布局，至此，问题就有了解决方法，即利用媒体查询。

响应式布局常用于企业的官网、博客、新闻资讯类型网站，这些网站以浏览内容为主，没有复杂的交互。

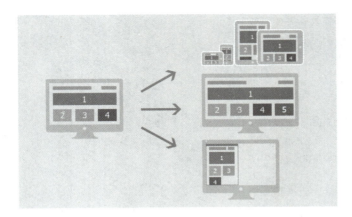

图 2 - 1　响应式设计

响应式布局：通过检测设备信息，决定网页布局方式，即用户如果采用不同的设备访问同一个网页，就有可能会看到不一样的内容，一般情况下是检测设备屏幕的宽度来实现。

那么如何实现在不同尺寸的浏览器中显示不同的样式？在浏览器尺寸是某个值（或者某个范围）时调用不同的样式？样式我们会写，现在的问题转化为怎么确定设备屏幕的尺寸。由此可见，我们可以利用响应式布局完成设备屏幕尺寸的检测，那么如何检测呢？

2.1.2　媒体类型

将不同的终端设备划分成不同的类型，称为媒体类型，见表 2 - 1。当然，主要使用的还是 screen，此外，还有打印机 print 设备等。

表 2 - 1　媒体类型

值	描述
all	用于所有设备（未指定媒体设备时等同于 all）
print	用于打印机和打印预览
screen	用于电脑屏幕、平板电脑、智能手机等
speech	用于屏幕阅读器

下面代码可以在屏幕、打印机等设备观察显示情况。在浏览器中按 Ctrl + P 组合键调出打印机，观察显示情况。我们使用的是在 style 标签中指定设备类型的形式。

```
<!DOCTYPE html>
<html>
<head>
    <meta charset = "UTF - 8">
    <meta name = "viewport" content = " width = device - width, initial - scale = 1.0">
```

```
        <title>媒体设备类型</title>
        <style media = "screen">
                h1 {
                    color: red;
                }
        </style>
        <style media = "print">
                h1 {
                    color: green;
                }
        </style>
        <style media = "screen,print">
                h1 {
                    font - size: 40px;
                }
        </style>
</head>
<body>
        <h1>媒体设备类型</h1>
</body>
</html>
```

也可以使用 link 标签指定设备类型。还是上面的代码，可以将不同设备的样式保存到不同的样式文件中，然后利用 link 进行引用，大家可以自己尝试。

```
<link rel = "stylesheet" href = "common.css">
<link rel = "stylesheet" href = "screen.css" media = "screen">
<link rel = "stylesheet" href = "print.css" media = "print">
```

如果样式代码较多，在 head 标签中就会使用多个 link 进行引用，这种情况可以在一个样式文件中使用@ import，然后在页面中应用一个 link 标签即可。

```
<link rel = "stylesheet" href = "style.css">
```

style. css 的文件内容如下。

```
@import url(screen.css) screen;
@import url(print.css) print;
```

@是一个声明，为 CSS 提供执行什么或如何表现的指令。每个声明以@开头，其后紧跟一个可用的关键字，这个关键字充当一个标识符，用于表示 CSS 该做什么，比如 import、media。@有很多应用场景，最常用的场景用来引用其他的 CSS 文件，是以@ import 开始的，例如想在 main. css 里面应用 style. css，那么直接用@ import " style. css" 就可以了。此外，还有一种应用场景是媒体选择，它是以@ media 开始的，表示在不同媒介条件下的样式，多用于响应式的页面布局。

　　@ import 的语法：@ import ＜ url ＞ ＜ media_query_list ＞。

　　＜ url ＞：使用绝对或相对地址指定导入的外部样式表文件。可以是 url(url)或者直接是一个 url。

　　＜ media_query_list ＞：指定媒体类型和查询条件。

　　该规则必须在样式表头部最先声明，并且其后的分号是必需的，如果省略了此分号，外部样式表将无法正确导入，并会生成错误信息。

　　使用 url(url)和直接使用 url 存在区别，示例代码：

```
@import url("global.css");
@import url(global.css);
@import "global.css";
```

　　以上 3 种方式都有效。当使用 url（url）方式时，包住路径的引号可有可无；当直接使用 url 时，包住路径的引号必须保留。

　　指定媒体查询，示例代码：

```
@import url(example.css) screen and (min-width:800px);
@import url(example.css) screen and (width:800px),(color);
@import url(example.css) screen and (min-device-width:500px) and (max-device-width:1024px);
```

2.1.3　媒体查询

　　媒体查询利用@ media 规则，针对不同媒体类型设置不同的样式。一般以屏幕媒体为例，对常见的设备尺寸进行划分后，再分别为不同尺寸的设备设计专门的布局方式，见表 2－2。

表 2－2　屏幕尺寸

类型	布局宽度/px
超小设备	小于 576
平板	大于等于 576
桌面显示器	大于等于 768
大桌面显示器	大于等于 992
超大桌面显示器	大于等于 1 200

　　以上是对常见的尺寸进行分类后的结果，以下是与之对应的媒体查询条件。

```
/*超小设备*/
@media(max-width:575px){…}
/*平板设备*/
@media(min-width:576px) and(max-width:767px){…}
/*桌面显示器*/
@media(min-width:768px) and(max-width:991px){…}
/*大桌面显示器*/
@media(min-width:992px)and(max-width:1199px){…}
/*超大桌面显示器*/
@media(min-width:1200px){…}
```

设备终端的多样化，直接导致了网页的运行环境变得越来越复杂，为了能够保证网页可以适应多个终端，不得不专门为某些特定的设备设计不同的展示风格，通过媒体查询可以检测当前网页运行在什么终端，从而实现网页适应不同终端并展示不同风格的页面。

媒体查询由多种媒体组成，媒体查询语法可以包含一个或多个表达式，表达式根据条件是否成立返回 true 或 false。

```
@media not |only |all mediatype and (expressions){
CSS 代码...;
}
```

如果指定的媒体类型匹配设备类型，则查询结果返回 true，文档会在匹配的设备上显示指定样式效果。

除非使用了 not 或 only 操作符，否则所有的样式会适应在所有设备上。

关键字将媒体类型或多个媒体特性连接到一起作为媒体查询的条件。

①not：排除某个媒体类型，相当于"非"的意思，可以省略。not 是用来排除掉某些特定的设备的，比如@ media not print（非打印设备）。

②only：指定某个特定的媒体类型，可以省略。对于支持 Media Queries 的移动设备来说，如果存在 only 关键字，移动设备的 Web 浏览器会忽略only 关键字并直接根据后面的表达式应用样式文件。对于不支持 Media Queries 的设备但能够读取 MediaType 类型的 Web 浏览器，遇到 only 关键字时，会忽略这个样式文件。

③all：所有设备，这个应该经常看到。

④and：可以将多个媒体特性连接到一起，相当于"且"的意思。

⑤逗号：表示或。

2.1.4 媒体特性

每种媒体类型都具体各自不同的特性，根据不同媒体类型的媒体特性设置不同的展示风格，见表 2-3。

表2-3 媒体特性

值	描述
width	定义输出设备中的页面可见区域宽度
height	定义输出设备中的页面可见区域高度
min – width	定义输出设备中的页面最小可见区域宽度
min – height	定义输出设备中的页面最小可见区域高度
max – width	定义输出设备中的页面最大可见区域宽度
max – height	定义输出设备中的页面最大可见区域高度
device – width	定义输出设备的屏幕可见宽度
device – height	定义输出设备的屏幕可见高度
aspect – ratio	定义输出设备中的页面可见区域宽度与高度的比率
device – aspect – ratio	定义输出设备的屏幕可见宽度与高度的比率

常用特性如下：

①width/height 完全等于 html 文档。

②max – width/max – height 小于等于 html 文档。

③min – width/min – height 大于等于 html 文档。

④device – width/device – height 完全等于屏幕。

⑤orientation 方面取值为 portrait|landscape 方向，表示肖像模式/全景模式（竖屏/横屏）。

2.1.5 引入方式

1. link 方法

```
<link href = "./5 -1.css" media = "only screen and(max –width:320 px)">
```

或者

```
<link href = "./5 -1.css">
```

将 media = "only screen and(max – width:320px)" 写在样式表文件中。

2. @ media 方法（写在 CSS）

格式如下：

```
@media 媒体类型 and|not|only(媒体属性){
css 选择器{
css 属性:属性值;
}
}
```

说明：

（1）媒体类型

包括前面提到的：

all：用于所有设备。

print：用于打印机和打印预览。

screen：用于电脑屏幕、平板电脑、智能手机等。

（2）媒体属性

媒体属性是 CSS3 新增的内容，多数媒体属性带有"min –"和"max –"前缀，媒体属性必须用（）包起来，否则无效。常用的媒体属性如下：

```
width│min – width│max – width//定义输出设备中的页面可见区域宽度
height│min – height│max – height//定义输出设备中的页面可见区域高度
device – width│min – device – width│max – device – width//定义输出设备的屏幕可见宽度
device – height│min – device – height│max – device – height//定义输出设备的屏幕可见高度
```

注意：

①使用 min – width 来区分屏幕时，按照从小屏到大屏的编写顺序。

②使用 max – width 来区分屏幕时，按照从大屏到小屏的编写顺序。

3. 使用 import 导入

直接在 url()后面使用空格，间隔媒体查询规则：

```
@import url("css/xxx.css") all and (max – width:800px);
```

任务总结

本任务学习了响应式布局，通过检测设备信息，决定网页的布局方式。以屏幕媒体为例，利用@media 规则，通过媒体特性，针对不同媒体类型设置不同的样式，利用不同的方式引入页面，实现响应式设计。

任务 2.2　利用媒体查询实现响应式

任务描述

如何利用媒体查询实现响应式呢？下面的几个任务将带领大家实现。

任务实施

示例 1：在 CSS 中书写@media 方法，实现在大于等于 1 200 px 的设备上页面背景为蓝色，在小于等于 768 px 的设备上页面背景为红色，其他尺寸的设备背景颜色为默认颜色。

```
<head>
  <meta charset = "utf -8">
  <title>媒体查询的使用 - 在 CSS 中书写@media 方法 </title>
  <style>
  @media(min -width:1200px){/*如果屏幕尺寸大于等于1200,设置背景为蓝色*/
   body{
   background -color:blue;
     }
  }
  @media(max -width:767px){/*如果屏幕尺寸小于768px,设置背景为红色*/
   body{
   background -color:red;
   }
   }
  </style>
</head>
<body>
</body>
</html>
```

示例 2：在 CSS 中书写@ media 方法，实现在大于等于 1 200 px 的设备上页面背景为蓝色，在小于等于 768 px 的设备上页面背景为红色，其他尺寸的设备背景颜色为绿颜色。

在示例 1 的基础上，可以修改样式代码如下：

```
<style type = "text/css">
    @media(min -width:1200px) {
      body {
        background -color: blue;
      }
    }
  @media only screen and (min -width: 769px) and (max -width: 1199px) {
      body {
        background -color: green;
      }
   }
  @media(max -width:768px) {
    body {
        background -color: red;
      }
    }
  }
</style>
```

其实，要实现示例 2 的效果，样式代码还可以有如下写法：

```
<style type = "texts">
    body {
    background -color: blue;
 }
@media (min -width: 769px) and (max -width: 1199px) {
  body {
```

```
            background - color: green;
        }
}
@media(max - width:768px) {
    body {
        background - color: red;
    }
}
</style >
< style type = "text/css">
body {
    background - color: blue;
}
@media (max - width: 1199px) {
    body {
        background - color: green;
    }
}
@media(max - width:768px) {
    body {
        background - color: red;
    }
}
</style >
< style type = "text/css">
        body {
        background - color: red;
    }
}

@media (min - width: 769px) {
    body {
        background - color: green;
    }
}

@media(min - width:1201px) {
    body {
        background - color: blue;
    }
}
</style >
```

示例 3：利用视口及媒体查询完成：

当浏览器宽度小于 576 px 时，背景色设置为红色；

当浏览器宽度大于等于 576 px 时，背景色设置为橙色；

当浏览器宽度大于等于 768 px 时，背景色设置为黄色；

当浏览器宽度大于等于 992 px 时，背景色设置为绿色；

当浏览器宽度大于等于 1 200 px 时，背景色设置为青色。

注意：CSS 代码是从上到下依次执行的，所以，当使用 min - width 来区分屏幕时，要按照从小屏到大屏的编写顺序；当使用 max - width 来区分屏幕时，要按照从大屏到小屏的编写顺序。

```
body{background-color: red;}
@media only screen and (min-width: 576px){
    body{background-color:orange;}
}
@media only screen and (min-width: 768px){
    body{background-color: yellow;}
}
@media only screen and (min-width: 992px){
    body{background-color:green;}
}
@media only screen and (min-width: 1200px){
    body{background-color:aquamarine;}
}
```

或者书写如下代码：

```
body{background-color: aquamarine;}
@media only screen and (max-width: 1200px){
    body{background-color:green;}
}
@media only screen and (max-width: 992px){
    body{background-color: yellow;}
}
@media only screen and (max-width: 768px){
    body{background-color: orange;}
}
@media only screen and (max-width: 576px){
    body{background-color: red;}
}
```

示例 4：利用媒体查询的 link 方式完成如下设置：PC 电脑页面背景设置为红色，在平板上页面背景设置为绿色，手机设备背景颜色为蓝色。其中，需要提前写好 pc.css、ipad.css、mobile.css 三个文件中的样式。

```
<link rel = "stylesheet" type = "text/css" href = "css/pc.css"/>
<link rel = "stylesheet" type = "text/css" href = "css/ipad.css"media = "(max-
width:768px)"/>
<link rel = "stylesheet" type = "text/css" href = "css/mobile.css"media = "(max-
width:480px)"/>
```

示例 5：利用媒体查询直接写在 CSS 中的方式完成，当设备中的页面可见区域高度大于或等于宽度时，背景是红色（竖屏），其他情况（横屏）背景是绿色。

```
<!DOCTYPE html >
<html >
    <head >
        <meta charset = "UTF-8">
        <title > </title>
        <style >
```

```
                @media(orientation:portrait){
                    body{background－color:red;}
                }
                @media(orientation:landscape){
                    body{background－color:green;}
                }
        </style>
    </head>
    <body>
    </body>
</html>
```

示例6：实现如图2-2~图2-4所示效果。

图2-2　屏幕尺寸大于等于768 px

导航
内容　　　　　　　　　　　　　　　　　　侧边

图2-3　屏幕尺寸在577 px和767 px之间时

导航
内容
侧边

图2-4　屏幕尺寸小于等于576 px

```
<style type ="text/css">
    #container {
        width: 80%;
        margin: 0 auto;
    }
    /*块级元素本身垂直排列*/
    nav {
        background: silver;
    }
    section {
        background: lightblue;
    }
    aside {
        background: yellow;
    }
    @media only screen and (min－width:576px){
        nav {
        width: 100%;
    }
```

```
        section {
            width: 80%;
            float: left;
        }
        aside {
            width: 20%;
            float: left;
        }
    }
    @media only screen and (min-width:768px) {
        nav {
            width: 30%;
            float: left;
        }
        section {
            width: 60%;
            float: left;
        }
        aside {
            width: 10%;
            float: left;
        }
    }
</style>
<body>
    <div id="container">
        <nav>导航</nav>
        <section>内容</section>
        <aside>侧边</aside>
    </div>
</body>
```

或者采用下面的写法：

```
<style type="text/css">
#container {
    width: 80%;
    margin: 0 auto;
}
nav {
    background: silver;
}
section {
    background: lightblue;
}
```

```
aside {
    background: yellow;
}
/*块级元素本身垂直排列,设置大屏幕是水平排列 */
nav,section,aside{ float: left;width: 33%;}
@media only screen and (max-width:768px){
nav {
    width: 100%;
    float: left;
}
section {
    width: 80%;
    float: left;
}
aside {
    width: 20%;
    float: left;
}
}
@media only screen and (max-width:576px){
nav {
    width: 100%;
}
section {
    width: 100%;
}
aside {
    width: 100%;
}
}
```

 任务总结

本次任务通过六个示例实践性地完成了利用媒体查询实现响应式页面设计,并且在完成任务的过程中要注意考虑样式覆盖,注意 CSS 代码的编写顺序。

 应用弹性盒与响应式设计页面

任务描述

示例 7:完成如图 2-5 和图 2-6 所示的页面效果。

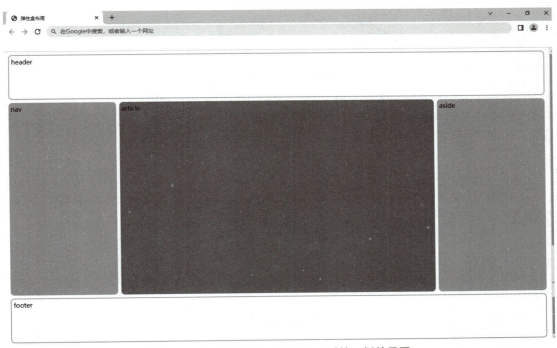

图 2 – 5   当屏幕大于等于 768 px 时的示例效果图

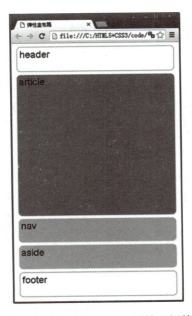

图 2 – 6   当屏幕小于 768 px 时的示例效果图

任务实施

```
<!DOCTYPE html>
<html lang = "en">
<head>
<meta charset = "UTF-8">
<meta name = "viewport" content = "user-scalable = no,width = device-width,ini-
tial-scale = 1.0,maximum-scale = 1.0">
<title>弹性盒布局</title>
<style>
/*
```
　　CSS 中" > "是 CSS3 特有的选择器,A>B 表示选择 A 元素的所有子元素 B,即大于号指子代元素。如果是 A B(A 空格 B),表示选择 A 元素的所有后代元素 B,即空格指后代元素。如果是 A,B(A 逗号 B),表示 A 和 B 使用相同的 CSS 样式。
```
*/
body{
font:24px;
}
.main{
min-height:500px;
margin:0px;
padding:0px;
display:flex;/* 设置该 div 为一个弹性盒容器 */
flex-flow:row;/* 子元素按横轴方向顺序排列 */
}
  .main > nav{
  margin:4px;
  padding:5px;
  border-radius:7pt;/* pt 也是文字大小的一种单位,1pt = px * 3/4 */
  background:#FFBA41;
  flex:1;/* 它占剩余空间的 1 份 */
  order:1;/* 排序为第 1 个子元素 */
  }
  .main > article{
  margin:4px;
  padding:5px;
  border-radius:7pt;
  background:#719DCA;
  flex:3;/* 它占剩余空间的 3 份 */
  order:2;/* 排序为第 2 个子元素 */
  }
  .main > aside{
  margin:4px;
  padding:5px;
  border-radius:7pt;
```

```
    background:#FFBA41;
    flex:1;/*它占剩余空间的1份*/
    order:3;/*排序为第3个子元素*/
  }
header,footer{
display:block;
margin:4px;
padding:5px;
min-height:100px;
border:2pxsolid#FFBA41;
border-radius:7pt;
background:#FFF;
}
@media all and(max-width:768px){/*当屏幕小于768px时*/
.main{
flex-flow:column;/*弹性盒中的子元素按纵轴方向排列*/
}
.main>nav,.main>article,.main>aside{
order:0;/*将子元素都设置成同一个值,指按自然顺序排列*/
}
.main>nav,.main>aside,header,footer{
min-height:50px;
max-height:50px;
}
}
</style>
</head>
<body>
    <header>header</header>
    div class="main">
        <nav>nav</nav>
        <article>article</article>
        <aside>aside</aside>
    </div>
    <footer>footer</footer>
</body>
</html>
```

示例8：制作如图2-7~图2-9所示页面效果。

图2-7 屏幕尺寸大于等于800 px的效果

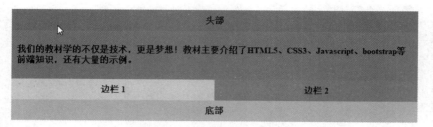

图 2 - 8 屏幕尺寸大于 600 px 小于 800 px 的效果

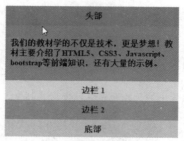

图 2 - 9 屏幕尺寸小于等于 600 px 效果

```
<!DOCTYPE html >
<html >
<head >
<meta charset = "utf -8">
<style >
.flex -container{
display: -webkit -flex;
display:flex;
-webkit -flex -flow:rowwrap;
flex -flow:rowwrap;
font -weight:bold;
text -align:center;
}

.flex -container > *{
padding:10px;
    flex:1100%;
}
.main{
text -align:left;
background:cornflowerblue;
}
.header{background:coral;}
.footer{background:lightgreen;}
.aside1{background:moccasin;}
.aside2{background:violet;}
@media all and(min -width:600px){
```

```
.aside{flex:1auto;}
}
@media all and(min-width:800px){
.main{flex:30px;}
.aside1{order:1;}
.main{order:2;}
.aside2{order:3;}
.footer{order:4;}
}
</style>
</head>
<body>
    <div class="flex-container">
        <header class="header">头部</header>
        <article class="main">
            <p>我们的教材学的不仅是技术,更是梦想! 教材主要介绍了 HTML5、CSS3、Java-
            script、bootstrap 等前端知识,还有大量的示例。</p>
        </article>
        <aside class="asideaside1">边栏1</aside>
        <aside class="asideaside2">边栏2</aside>
        <footer class="footer">底部</footer>
    </div>
</body>
</html>
```

 任务总结

　　本任务应用弹性盒布局整个页面,如设置容器为弹性盒 display:flex, flex-flow 设置弹性盒中的子元素按纵轴方向排列,设置子元素的 order 属性,排列子元素的顺序等。利用媒体查询@media 完成不同尺寸屏幕上的页面布局,完成了响应式设计。

项目评价表

序号	学习目标	学生自评
1	认识响应式设计和媒体查询	□能够熟练识别响应式设计和媒体查询 □需要参考教材内容才能识别 □遇到问题不知道如何解决
2	能够利用媒体查询实现响应式设计	□能够熟练操作 □需要参考相应的代码才能实现 □无法独立完成程序的设计

续表

序号	学习目标	学生自评
3	能够综合应用弹性盒和响应式设计页面	□能够熟练操作 □需要参考相应的代码才能实现 □无法独立完成程序的设计
评价得分		
学生自评得分 （20%）	学习成果得分 （60%）	学习过程得分 （20%）	项目综合得分

项目小结

　　响应式页面设计是很典型的应用，写一套网页就能适应不同的终端。媒体查询是实现响应式设计的强大工具，通过弹性盒布局和响应式可以进行灵活的页面设计和布局。

项目 3

Bootstrap布局

任务 3.1　初识 Bootstrap

任务描述

　　Bootstrap 是由 Twitter（著名的社交网站）推出的基于 HTML、CSS、JavaScript 等前端技术的开源工具包，Bootstrap 包中提供的内容包括基本结构、CSS、布局组件、JavaScript 插件等，用于开发响应式布局、移动设备优先的 Web 项目。它不是专门用来开发移动端的，而是来做响应式的，只不过是移动设备优先。

　　Bootstrap 是一个前端开发框架，更确切地说，是一个 CSS 框架，常用的 JS 框架是 jQuery。Bootstrap 是把一些常用的样式提前写好，让开发者直接利用，提高开发效率；jQuery 是把一些 JS 直接写好，让开发者直接利用，提高开发效率。

　　Bootstrap 的版本有 Bootstrap2、Bootstrap3、Bootstrap4、Bootstrap5，本书使用比较成熟和现在常用的 Bootstrap4。

任务实施

3.1.1　下载、使用 Bootstrap

　　Bootstrap 官方网址为 http://getbootstrap.com/。建议到 Bootstrap 中文网 https://www.bootcss.com 中下载 Bootstrap4，也就是到 https://v4.bootcss.com 中进行下载和学习，如图 3 –1 所示。

　　对下载的 Bootstrap 进行解压缩，使用 css、js 这两个文件夹，解压后文件夹包含如图 3 –2 所示的文件。

　　项目中使用 Bootstrap 框架的步骤如下。一般情况下，在项目中新建一个 bootstrap 文件夹，将 css、js 这两个文件夹放在 bootstrap 文件夹中。其中，. min 是压缩形式，建议初学者使用非压缩形式。

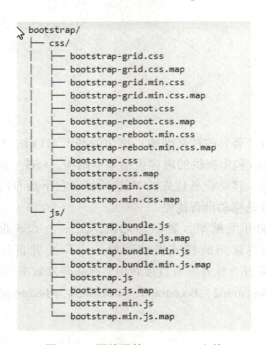

图 3 – 1   下载 Bootstrap

```
bootstrap/
├── css/
│   ├── bootstrap-grid.css
│   ├── bootstrap-grid.css.map
│   ├── bootstrap-grid.min.css
│   ├── bootstrap-grid.min.css.map
│   ├── bootstrap-reboot.css
│   ├── bootstrap-reboot.css.map
│   ├── bootstrap-reboot.min.css
│   ├── bootstrap-reboot.min.css.map
│   ├── bootstrap.css
│   ├── bootstrap.css.map
│   ├── bootstrap.min.css
│   └── bootstrap.min.css.map
└── js/
    ├── bootstrap.bundle.js
    ├── bootstrap.bundle.js.map
    ├── bootstrap.bundle.min.js
    ├── bootstrap.bundle.min.js.map
    ├── bootstrap.js
    ├── bootstrap.js.map
    ├── bootstrap.min.js
    └── bootstrap.min.js.map
```

图 3 – 2   预编译的 Bootstrap 文件

步骤 1：在 < head > 标签的下方引入 Bootstrap。

```
<link rel = "stylesheet" type = "text/css" href = "bootstrap/css/bootstrap.css"/>
```

步骤 2：如果需要交互效果，需要引入 bootstrap. js，可以放在 < head > 标签内，也可以放在 < body > 内，或者 < body > 标签外。

```
<script src = "bootstrap/js/b ootstrap.js"></script>
```

步骤 3：Bootstrap 中的 JS 插件依赖于 jQuery，因此，在 bootstrap. js 之前要引用 jQuery，放在 bootstrap. js 之前。

```
<script src = "bootstrap/js/jquery.js"></script>
```

步骤4：Bootstrap4 中的下拉菜单和提示框（tooltip）依赖于第三方 Popper. js 插件，使用时请确保 popper. min. js 或者 popper. js 文件放在 bootstrap. js 之前，或者使用 bootstrap. bundle. min. js、bootstrap. bundle. js 文件，因为这两个文件中包含了 Popper. js。

```
< script src = "bootstrap/js/popper.js" > </script >
```

3.1.2　第一个 Bootstrap 示例

学习 Bootstrap 就是利用它定义好的样式，让开发变得高效和快速。可以使用 link 标签引入 bootstrap. css。下面以表格为例进行演示。

①为 table 增加一个类 < table class = "table" >。

②为 table 增加一个类 < table class = "table table – bordered" >。

③为 table 标签再增加 table – striped 和 table – hover，查看效果。

示例 1：

```
<!DOCTYPE html >
<html >
    < head >
        <meta charset = "utf -8"/>
        <title > </title >
        < link rel = "stylesheet" type = "text/css"
href = "bootstrap/css/bootstrap.css"/>
    </head >
    < body >
        < table class = "table table -bordered table -striped table -hover">
        <tr >
            <td >前端开发学习的课程 </td >
            <td >课程的学时 </td >
            <td >课程的学分 </td >
            <td >课程的开设学期 </td >
        </tr >
        </table >
    </body >
</html >
```

3.1.3　认识视口

在前面的步骤②中，在浏览器中观察页面在不同设备尺寸上的显示情况，可以发现，当点击手机模拟器，并选择不同的移动设备浏览时，网页中的内容缩小了，文字内容出现了看不清楚的现象，那么怎么解决呢？方法是加入视口。如果在 head 标签中加入了视口：< meta name = "viewport" content = "width = device – width, initial – scale =1.0" >，网页内容就会清楚地显示在移动设备上。现在对视口进行详细介绍。

在移动设备上进行网页的开发，首先要了解移动设备上的视口 viewport，只有明白了 viewport 的概念以及弄清楚了与 viewport 有关的 meta 标签的使用方法，才能更好地让网页适配或响应各种不同分辨率的移动设备。

通俗地讲，移动设备上的视口 viewport 就是设备的屏幕上能用来显示网页的那一块区域，再具体一点，就是浏览器上（也可能是一个 App 中的 webview）用来显示网页的那部分区域，是浏览器显示页面内容的屏幕区域，但视口 viewport 又不局限于浏览器可视区域的大小，它可能比浏览器的可视区域要大，也可能比浏览器的可视区域要小。

在默认情况下，一般来讲，移动设备上的视口 viewport 都是要大于浏览器可视区域的，这是因为移动设备的分辨率相对于桌面电脑来说都比较小，所以为了能在移动设备上正常显示那些传统的为桌面浏览器设计的网站，移动设备上的浏览器都会把自己默认的视口 viewport 设为 980 px 或 1 024 px（也可能是其他值，这是由设备自己决定的），但带来的后果就是浏览器会出现横向滚动条，因为浏览器可视区域的宽度比默认的 viewport 的宽度小。由此可见，在移动设备上，视口不再受限于浏览器的窗口，而是允许开发人员自由设置视口的大小，通常浏览器会设置一个默认大小的视口，一般这个值会大于屏幕的尺寸，目的是能够正常显示那些专为 PC 设计的网页。

图 3 – 3 列出了一些移动设备上浏览器的默认 viewport 的宽度。从图中统计可知，不同的移动厂商分别设置了一个默认的 viewport 的值，这个值保证大部分网页可以在移动设备中正常浏览。

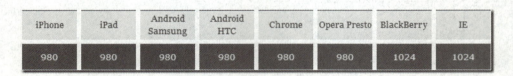

iPhone	iPad	Android Samsung	Android HTC	Chrome	Opera Presto	BlackBerry	IE
980	980	980	980	980	980	1024	1024

图 3 – 3   常见默认 **viewport** 大小

在移动端浏览器中，存在着 3 种视口，分别是布局视口（layout viewport）、视觉视口（visual viewport）和理想视口（ideal viewport）。下面分别进行讲解。

1. 布局视口（layout viewport）

布局视口（layout viewport）是指网页的宽度，一般移动端浏览器都设置了布局视口的宽度，根据设备的不同，布局视口的默认宽度有可能是 768 px、980 px 或 1 024 px 等，图 3 – 4 所示即为布局视口，这个 layout viewport 的宽度可以通过 document. documentElement. clientWidth 来获取。这个宽度并不适合在手机屏幕中展示。移动端浏览器之所以采用这样的默认设置，是为了解决早期的 PC 端页面在手机上显示的问题。下面通过图 3 – 4 演示什么是布局视口。

在图 3 – 4 中，当移动端浏览器展示 PC 端网页内容时，由于移动端设备屏幕比较小，不能像 PC 端浏览器那样完美地展示网页，这正是布局视口存在的问题。这样的网页在手机的浏览器中会出现左右滚动条，用户需要左右滑动才能查看完整的一行内容。

2. 视觉视口（visual viewport）

布局视口（layout viewport）的宽度是大于浏览器可视区域的宽度的，所以还需要一个 viewport 来代表浏览器可视区域的大小，这个 viewport 叫作视觉视口（visual viewport）。视觉视口的宽度可以通过 window. innerWidth 来获取，但在 Android 2、Oprea mini 和 UC 8 中无法正确获取。

视觉视口是指用户正在看到的网站的区域，这个区域的宽度等同于移动设备的浏览器窗口的宽度，指的是浏览器可视区域的宽度。视觉视口如图 3-5 所示。

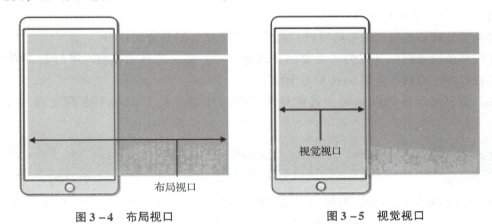

图 3-4　布局视口　　　　　　　　图 3-5　视觉视口

需要注意的是，当在手机中缩放网页的时候，操作的是视觉视口，而布局视口仍然保持原来的宽度。

3. 理想视口（ideal viewport）

现在已经有布局视口 layout viewport 和视觉视口 visual viewport 两个视口了，但浏览器觉得还不够，因为现在越来越多的网站都会为移动设备进行单独的设计，所以必须还要有一个能完美适配移动设备的 viewport。

所谓的完美适配，指的是，第一，不需要用户缩放和横向滚动条就能正常查看网站的所有内容；第二，显示的文字大小是合适的，比如一段 14 px 大小的文字，其在一个高密度像素的屏幕里不会显示得太小而无法看清，理想的情况是这段 14 px 的文字无论是在何种密度屏幕、何种分辨率下，显示出来的大小都是差不多的。当然，不只是文字，其他元素如图片等也是这个道理。这个视口叫作理想视口（ideal viewport），也就是第三个 viewport。移动设备的理想视口可通过 window. screen. width 获取。

理想视口并没有一个固定的尺寸，不同的设备拥有不同的 ideal viewport。所有的 iphone 的 ideal viewport 宽度都是 320 px，无论它的屏幕宽度是 320 px 还是 640 px，也就是说，在 iphone 中，CSS 中的 320 px 就代表 iphone 屏幕的宽度。

但是安卓设备就比较复杂了，有 320 px 的，有 360 px 的，也有 384 px 的等，关于不同的设备，其 ideal viewport 的宽度分别为多少，可以到 http://viewportsizes.com 去查看一下，里面收集了众多设备的理想宽度。

移动设备上的视口 viewport 分为布局视口（layout viewport）、视觉视口（visual viewport）

和理想视口（ideal viewport）三类，其中，理想视口是最适合移动设备的视口，理想视口的宽度等于移动设备的屏幕宽度，只要在 CSS 中把某一元素的宽度设为理想视口的宽度（单位用 px），那么这个元素的宽度就是设备屏幕的宽度了，也就是宽度为 100% 的效果。理想视口的意义在于，无论在何种分辨率的屏幕下，那些针对理想视口而设计的网站，不需要用户手动缩放，也不需要出现横向滚动条，都可以完美地呈现给用户。

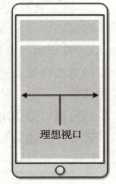

图 3 – 6　理想视口

图 3 – 6 所示是理想视口。

移动设备默认的视口是布局视口，也就是那个比屏幕要宽的视口，但在进行移动设备网站开发时，需要的是理想视口。那么怎么才能得到理想视口呢？这就该轮到 meta 标签出场了。

在开发移动设备的网站时，最常见的一个动作就是把下面这个东西复制到 head 标签中：

```
<meta name = "viewport" content = "width = device – width, initial – scale = 1.0,
maximum – scale = 1.0, user – scalable = 0">
```

该 meta 标签的作用是让当前 viewport 的宽度等于设备的宽度，同时不允许用户手动缩放。viewport 的宽度等于设备的宽度，这个应该是大家都想要的效果，如果不这样设定，就会使用比屏幕宽的默认 viewport，也就是说，会出现横向滚动条。

这个 name 为 viewport 的 meta 标签到底有哪些参数呢？这些参数又有什么作用呢？

meta viewport 标签首先是由苹果公司在其 Safari 浏览器中引入的，目的是解决移动设备的 viewport 问题。后来安卓以及各大浏览器厂商也都纷纷效仿，引入对 meta viewport 的支持，事实也证明 viewport 是非常有用的。

属性 content = " " 中间以逗号分隔，使用参数见表 3 – 1。

表 3 – 1　属性 content 参数

属性名	取值	描述
width	正整数或 device – width	定义视口的宽度，单位为像素；当值为 device – width 时，表示设置视窗视口的宽度与可见视口宽度相同
height	正整数或 device – height	定义视口的高度，单位为像素，一般不用
initial – scale	0. 0 ~ 10. 0	定义初始缩放比例
maximum – scale	0. 25 ~ 10. 0	定义最大缩放比例
minimum – scale	0. 25 ~ 10. 0	定义最小缩放比例
user – scalable	yes/no	定义是否允许用户手动缩放页面，默认值为 yes

注意：

viewport 标签只对移动端浏览器有效，对 PC 端浏览器是无效的。

三个视口总结如下：

布局视口：在 PC 端上，布局视口等于浏览器窗口的宽度。而在移动端，由于要使为 PC 端浏览器设计的网站能够完全显示在移动端的小屏幕里，此时的布局视口会远大于移动设备的屏幕，就会出现滚动条。JS 获取布局视口：

```
document.documentElement.clientWidth | document.body.clientWidth;
```

视觉视口：用户正在看到的网页的区域。用户可以通过缩放来查看网站的内容。如果用户缩小网站，我们看到的网站区域将变大，此时视觉视口也变大了；同理，用户放大网站，我们能看到的网站区域将缩小，此时视觉视口也变小了。不管用户如何缩放，都不会影响到布局视口的宽度。JS 获取视觉视口：

```
window.innerWidth;
```

理想视口：布局视口的一个理想尺寸，只有当布局视口的尺寸等于设备屏幕的尺寸时，才是理想视口。JS 获取理想视口：

```
window.screen.width;
```

①在桌面浏览器上，浏览器窗口与视口的宽度一致，而视口是 CSS 百分比宽度推算的根源，因此，浏览器窗口是约束 CSS 布局的视口。

②在手机上，有两个视口，布局视口会限制 CSS 布局；视觉视口决定用户看到的网站内容。

③移动端浏览器还有一个理想视口，移动端浏览器还有一个理想视口，它是特定设备上特定浏览器的布局视口的一个理想尺寸。

④可以把布局视口尺寸定义为理想视口。这也是响应式设计的基础。

 任务总结

本任务认识了 Bootstrap 这个前端开发框架，通过下载、加压、网页中 link 标签引入 Bootstrap，利用该框架，让开发变得高效和快速。同时，在移动设备上进行网页开发时要了解移动设备上视口 viewport 的概念。

 **使用容器**

 **任务描述**

Bootstrap4 提供了 3 种布局容器类：. container、. container – fluid 和 . container – {break-point}，本任务就是使用这些容器布局网页内容。

. container 是固体自适应方式，容器会根据屏幕大小来选择合适的宽度，用于固定宽度并支持响应式布局，是全自动的，如图 3 – 7 所示。

```
<div class="container">
  ...
</div>
```

图 3 – 7 . container 类

查看 bootstrap. css 中 container 的样式定义以及在不同设备上的宽度，在不同屏幕上，它的宽度是不一样的，大于等于断点值后实施最大宽度。Bootstrap 是移动设备优先，所以在下面 . container 的样式代码中，width：100% 是针对超小屏幕来讲的，因为后面经过媒体查询，比如当设备宽度大于等于 576 px 的时候，container 的宽度是 540 px，而并不是大于等于 576 px 的某个值。

```
.container{
width:100%;
padding - right:15px;
padding - left:15px;
margin - right:auto;
margin - left:auto;
}
@media(min - width:576px){
.container{
max - width:540px;
}
}
@media(min - width:768px){
.container{
max - width:720px;
}
}
@media(min - width:992px){
.container{
max - width:960px;
}
}
@media(min - width:1200px){
.container{
max - width:1140px;
}
}
```

上面的代码把 container 的左右外边距（margin – right、margin – left）交由浏览器决定，但不管什么设备，margin – right：auto、margin – left：auto 就是居中设置，内边距（padding）是

固定宽度，左、右各 15 px。

为什么不同屏幕尺寸，container 的宽度设置为 540 px、720 px、960 px、1 140 px，而不是其他的值，这是基于栅格系统的 12 列考虑的，每个宽度都是 12 的倍数。

container – fluid 类是流体 100% 自适应，用于设置 100% 宽度，占据全部视口的容器。

下面看一下 . container 类和 . container – fluid 类在不同屏幕上的情况。

屏幕宽度大于 576 px 的情况如图 3 – 8 所示。

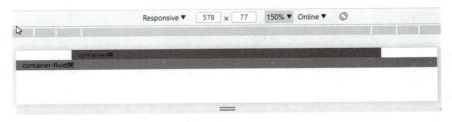

图 3 – 8　屏幕宽度大于 576 px 的情况

屏幕宽度大于 768 px 的情况如图 3 – 9 所示。

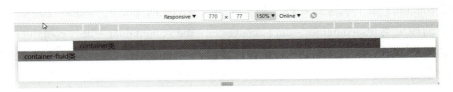

图 3 – 9　屏幕宽度大于 768 px 的情况

屏幕宽度大于 992 px 的情况如图 3 – 10 所示。

图 3 – 10　屏幕宽度大于 992 px 的情况

屏幕宽度大于 1 200 px 的情况如图 3 – 11 所示。

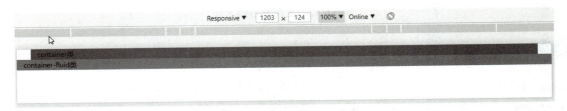

图 3 – 11　屏幕宽度大于 1 200 px 的情况

从上面的演示可以发现，不管屏幕尺寸多大，.container 类和 .container – fluid 类左、右内填充不变。不管屏幕宽度大小，.container – fluid 类宽度一直是 100%。

参照示例 2 代码对比两种使用效果。bg – primary、bg – success 是背景颜色，具体知识后面进行讲解。

示例 2：

```
<!DOCTYPE html >
<html >
    <head >
        <meta charset = "UTF – 8 ">
        <title > </title >
        <link rel = "stylesheet" type = "text/css" href = "../css/bootstrap.css"/>
    </head >
    <body >
        <div class = "container bg – primary">container 类 </div >
        <div class = "container – fluid bg – success">container – fluid 类 </div >
    </body >
</html >
```

另外，container 做了响应式处理，即 container – {breakpoint}，width：100% 直到指定的断点，对应的相应类是 .container – sm｜.container – md｜.container – lg｜.container – xl 响应式容器类，含义是当浏览器尺寸大于等于某种尺寸时，container 的宽度起效，否则没有效果，默认是采用的是超小屏幕 .container – xs，其实就是移动优先。三种容器的比较如图 3 – 12 所示。

	超小 <576px	小 ≥576px	中 ≥768px	大 ≥992px	特大 ≥1200px
.container	100%	540像素	720 像素	960 像素	1140 像素
.container-sm	100%	540像素	720 像素	960 像素	1140 像素
.container-md	100%	100%	720 像素	960 像素	1140 像素
.container-lg	100%	100%	100%	960 像素	1140 像素
.container-xl	100%	100%	100%	100%	1140 像素
.container-fluid	100%	100%	100%	100%	100%

图 3 – 12　三种容器的比较

 任务总结

通过本任务的学习，可知在使用网页布局容器时，根据具体需要灵活选择 container、container – fluid 和 container – {breakpoint} 三种容器中的一种。container 是固体自适应方式，用于固定宽度并支持响应式布局。container – fluid 是流体 100% 自适应，用于设置 100% 宽度，占据全部视口，container – {breakpoint} 是移动优先，做了响应式处理。

任务 3.3　使用栅格系统进行页面布局

 **任务描述**

Bootstrap 提供了一套响应式、移动设备优先的流式栅格（网格）系统，随着屏幕或视口（viewport）尺寸的增加，系统会自动分为 12 列。本任务是使用栅格（网格）系统对页面进行布局。

任务实施

Bootstrap 是基于移动优先的原则开发的，使用了一系列的媒体查询（media queries）方法，为布局和界面创建自适应的分界点。分界点大小：576 px、768 px、992 px、1 200 px。

Bootstrap4 网格系统有以下 5 类：

.col－，针对所有设备。

.col－sm－，平板－屏幕宽度等于或大于 576 px。

.col－md－，桌面显示器－屏幕宽度等于或大于 768 px。

.col－lg－，大桌面显示器－屏幕宽度等于或大于 992 px。

.col－xl－，超大桌面显示器－屏幕宽度等于或大于 1 200 px。

这些分界点主要是基于视口宽度的最小值，并且当窗口视图改变时，允许元素缩放。在 Bootstrap4 中，屏幕的大小是真正的"断点"，即如果只定义一个屏幕规格，即可向上覆盖所有设备，向下如果没有定义，则默认为 12 栅格占位。不同屏幕对应的类前缀如图 3－13 所示。

	超小屏幕 (新增规格)<576px	小屏幕 次小屏≥576px	中等屏幕 窄屏≥768px	大屏幕 桌面显示器≥992px	超大屏幕 大桌面显示器≥1200px
.container 最大宽度	None (auto)	540px	720px	960px	1140px
类前缀	.col-	.col-sm-	.col-md-	.col-lg-	.col-xl-
列 (column) 数	12				
列间隙	30px (每列两侧各15px)				
可嵌套性	Yes				
可排序性	Yes				

图 3－13　不同屏幕对应的类前缀

Bootstrap 的网格系统使用一系列 div 容器的行、列来布局和对齐内容，不同于旧版 3.0，新版是完全基于 flexbox 流式布局构建的，完全支持响应式标准。Bootstrap3 和 Bootstrap4 最大的区别在于 Bootstrap4 现在使用 flexbox（弹性盒子）而不是浮动。flexbox 的一大优势是，没有指定宽度的网格列将自动设置为等宽与等高列。

为了让 Bootstrap 开发的网站对移动设备友好，确保适当的绘制和触屏缩放，需要在网页的 head 之中添加 viewport meta 标签，如下所示：

```
<meta name = "viewport" content = "width = device - width,initial - scale =1,shrink -
to - fit =no">
```

width = device - width，表示宽度是设备屏幕的宽度。

initial - scale =1，表示初始的缩放比例。

shrink - to - fit = no，自动适应手机屏幕的宽度。

3.3.1 引入栅格系统

栅格系统是用来做什么的呢？它是专门用来分割网页当中的宽度的。如果一个网页的宽度是 900 px，要把它分成 4 等份，每份是 1/4，那么每一份就是 225 px，利用以前的知识，我们要如何制作呢？

①在 body 中写 4 个 div：

```
<div>
    <div>这里有一些文字是网页内容</div>
    <div>这里有一些文字是网页内容</div>
    <div>这里有一些文字是网页内容</div>
    <div>这里有一些文字是网页内容</div>
</div>
```

②浏览查看：4 个 div 垂直堆叠排列，因为是块元素独占一行。

③处理：设置每个块宽度是 25%。

④浏览查看：4 个仍 div 垂直堆叠排列，因为块元素独占一行的特性依然存在。

⑤处理：设置每个块 float：left。

⑥打开"开发者工具"，调整浏览器宽度。

浏览器宽度很小的情况下，还是有 4 列，各列宽度还是占 1/4。浏览器宽度很小的情况下，页面布局能否改成 1 列？比如在中等（大于 768 px）及以上屏幕上是 4 列水平排列，小于这个宽度，4 列就垂直排列成 1 列。

Bootstrap 中的栅格系统可以很好地解决这个问题。它把母元素的宽度看成（分成）12 份，也就是 12 个栅格，如果还是上述布局要求，各个列都占 3 个栅格，中等屏幕对应的类是 . col - md - *。栅格类适用于屏幕宽度大于或等于分界点大小的设备，这一点大家一定要注意。

⑦引入 Bootstrap 的样式，然后为每个 div 增加类 col - md - 3，<div class = "col - md - 3">，并且把原来的样式取消，同时，为外层的 div 增加类 row，<div class = "row">。

```
< div class = "row" >
    < div class = "col - md - 3" > 这里有一些文字是网页内容 </ div >
    ...
</ div >
```

⑧浏览，如图 3 - 14 和图 3 - 15 所示。

图 3 - 14　屏幕尺寸大于等于 768 px

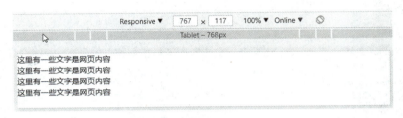

图 3 - 15　屏幕尺寸小于 768 px

如果想在大于等于 576 px 的尺寸下让它显示为 4 列，怎么办？可以将 col - md - 3 改为 col - sm - 3。如果想在大屏幕（大于等于 992 px）及以上的屏幕上让它显示为 4 列，改为 col - lg - 3。如果想在超大屏幕上（大于等于 1 200）让它显示为 4 列，可以将 col - md - 3 改为 col - xg - 3。

Bootstrap4 能实现网页自动等宽排列，比如在 .row 中使用的四个 .col - md - 3，可以用四个 .col - md 来代替，就能实现各自 25% 宽度并左对齐形成一行的排列。

大家可以思考并尝试如下的情况进行练习。

①如果想在大屏幕上让它显示为 3 列，怎么办？可以将 col - md - 3 改为 col - md - 4，并且去掉一个 div。如果用的是 col - md，就直接去掉一个 div。

②制作页面，在中等屏幕上显示如下：左边是一个导航，占 2 个栅格；中间主体内容占 8 个栅格；右边是侧边栏，占 2 个栅格。在页面中三部分各增加一个标题，效果如图 3 - 16 所示。

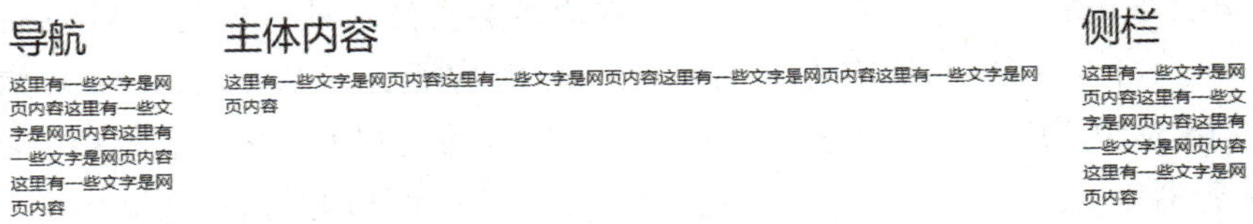

导航
这里有一些文字是网页内容这里有一些文字是网页内容这里有一些文字是网页内容这里有一些文字是网页内容

主体内容
这里有一些文字是网页内容这里有一些文字是网页内容这里有一些文字是网页内容这里有一些文字是网页内容

侧栏
这里有一些文字是网页内容这里有一些文字是网页内容这里有一些文字是网页内容这里有一些文字是网页内容

图 3 - 16　中等屏幕显示情况

```
< div class = "row">
    < div class = "col - md - 2">
    <h2>导航</h2>这里有一些文字是网页内容
</div>
    < div class = "col - md - 8">
        <h2>主体内容</h2>这里有一些文字是网页内容
    </div>
    < div class = "col - md - 2">
        <h2>侧栏</h2>这里有一些文字是网页内容
    </div>
</div>
```

或者写成如下形式：

```
< div class = "row">
    < div class = "col - md">
    <h2>导航</h2>这里有一些文字是网页内容
</div>
    < div class = "col - md - 8">
        <h2>主体内容</h2>这里有一些文字是网页内容
    </div>
    < div class = "col - md">
        <h2>侧栏</h2>这里有一些文字是网页内容
    </div>
</div>
```

3.3.2　栅格参数

通过前面的讲解，可以为不同的屏幕做不同的栅格划分，选择不同的类名：.col -、.col - sm、.col - md、.col - lg、.col - xl，其中，col 代表 column，x：extra（极度的），sm 是 small 的缩写，md 是 medium 的缩写，lg 是 large 的缩写，xl 即是 extra large 的缩写。

要使用栅格系统，一般要经过如下步骤：

①添加视口。

②引入 bootstrap. min. css（或者 bootstrap. css）文件。

③将内容包裹在 . container 中。

④把每一行写在 div 为 row 的类中。

通过查看类 row，发现它是一个弹性盒布局，样式为：margin - right： - 15px；margin - left： - 15px。那么为什么会设置一个 - 15 px 作为左、右外边距呢？因为 container 类是一个容器，在放入其他内容时，左、右加上 15 px 内边距会自然一些，但是，当 . container 包含栅格时，每个 . col - * 本身就有左、右各 15 px 内边距，两边的 . col - * 如果再加上 . container 的 15 px 内边距，就与其他 . container 中包含的内容不一致了，所以，将栅格包含在一个 . row 容器中，. row 容器使用负外边距将 . container 两边的内边距抵消。

```
.row{
display: -ms -flexbox;
display:flex;
 -ms -flex -wrap:wrap;
flex -wrap:wrap;
margin -right: -15px;
margin -left: -15px;
}
```

3.3.3　列的自动布局

要表示从 xs（实际上并不存在 xs 这个空间命名，以 . col 表示）到 xl（即 . col - xl - ＊），所有设备上都是等宽并占满一行，只要简单地应用 . col 就可以完成。

下面的示例展示了一行两列与一行三列的布局。利用栅格断点特性进行排版，可以简化列的大小，而不需要显式的列宽，比如不需要强制写为 . col - 6 或者 . col - 4。

```
< div class = "row">
    < div class = "col">占 6 份 </div >
    < div class = "col">占 6 份 </div >
</div >
< div class = "row">
    < div class = "col">占 4 份 </div >
    < div class = "col">占 4 份 </div >
    < div class = "col">占 4 份 </div >
</div >
```

在 Flexbox 的布局上拥有很多现代特征，比如自动布局和列宽处理。可以在一行多列的情况下指定一列并进行宽度定义，同时，其他列自动调整大小，可以使用预定义的栅格类，从而实行栅格宽或行宽的优化处理。

```
< div class = "row">
    < div class = "col">第一部分 </div >
    < div class = "col -6">12 格中占 6 格,其他 6 格由另外两列平分 </div >
    < div class = "col">第三部分 </div >
</div >
< div class = "row">
    < div class = "col">第三部分 </div >
    < div class = "col -5">12 格中占 5 格,其他 7 格另外由两列平分 - 不论奇偶都能达成
</div >
    < div class = "col">第三部分 </div >
</div >
```

完成如图 3 -17 所示的布局，这是在中等屏幕（≥768 px）上的显示情况。

分析：将一个页面分成如图 3 -17 所示效果，有点像表格，共 5 行，第一行有 12 列，每列 1 个栅格，第二行有 4 列，每列 3 个栅格，……

占1份	占1份	占1份	占1份	占1份	占1份	占1份	占1份	占1份	占1份	占1份	占1份
内容占栅格系统的3份			内容占栅格系统的3份			内容占栅格系统的3份			内容占栅格系统的3份		
内容占栅格系统的6份						内容占栅格系统的6份					
内容占栅格系统的3份			内容占栅格系统的9份								
内容占栅格系统的4份				内容占栅格系统的4份				内容占栅格系统的4份			

<center>图 3 - 17　大屏幕（≥768 px）的显示情况</center>

完成第一行，< div class = "col - md - 1" > 占 1 份 </div >，写出 12 个相同的结构，加上一个边框样式，. col - md - 1｛border: solid 1px black;｝。或者不写所占栅格数，使用 class = "col - md"，写 12 个相同结构。

完成第二行，使用 col - md - 3 或者 col - md，写 4 个相同的结构，加上边框。同样道理，完成第三行、第四行，左边列占 3 份，右边列占 9 份；完成第五行：左、中、右各占 4 份。

样式重新写：

```
div[class * = col]{border:solid 1 px black;}
```

［class * = "col - "］：选择所有类名中含有 "col - " 的元素。

与此类似的还有［class^ = "col - "］：选择所有类名中以 "col - " 开头的元素。

［class $ = " - col"］：选择所有类名中以 " - col" 结尾的元素。

如果一行(row)中包含的列(column)大于 12，多余的列所在的元素将被作为一个整体另起一行排列。

用栅格系统布局一个网页，效果如图 3 - 18 所示。网页顶部有一个 LOGO 区域，网页中间是主体区，其中左边栏为内容，右边栏为导航，网页下方还有一个页脚区域（备注：以中屏幕 md 为例）。LOGO 在第一行，占 12 个栅格；内容导航在第二行，各占 9、3 个栅格；页脚在第三行，占 12 个栅格。也可以设计成图 3 - 19 所示效果。

<center>图 3 - 18　用栅格系统布局示意图</center>

```
< div class = "container" >
    < div class = "row" > <!-- 第 1 行 -->
        < div class = "col - md" >logo </div >
    </div >
    < div class = "row" > <!-- 第 2 行 -->
        < div class = "col - md - 9" >左内容 </div >
        < div class = "col - md - 3" >右边导航 </div >
    </div >
    < div class = "row" > <!-- 第 3 行 -->
        < div class = "col - md" >页脚 </div >
    </div >
</div >
```

写样式：

```
div[class * = col]{
        border:1px solid black;
        background - color:goldenrod;
    }
```

图 3 – 19　用栅格系统布局网页效果图

使用 col – {breakpoint} – auto 断点方法，可以实现根据内容的自然宽度来对列进行大小调整，实现可变宽度的弹性空间。

3. 3. 4　多种屏幕情况栅格的使用

Bootstrap 的栅格系统包括五种宽度的预定义，用于构建复杂的响应布局，可以根据需要定义在特小 . col、小 . col – sm – * 、中 . col – md – * 、大 . col – lg – * 、特大 . col – xl – * 五种屏幕（设备）下的样式。

如果要一次性定义从最小设备到最大设备相同的网格系统布局表现，可使用 . col 和 . col – * 类。后者是用于指定特定大小的（如 . col – 6），否则使用 . col 就可以了。所占的栅格位正好是 12 列，超过 12 列则会换行，小于 12 列则不能占满 100% 。

假设只有一行内容，该内容在特小屏幕上占 12 份，在小屏幕占 6 份，在中等屏幕分别占 8 份和 4 份，那么代码如何写？这个问题类似于设计栅格布局并应用在手机、平板电脑、桌面电脑等不同终端设备上，那么该如何设置代码呢？

```
< body >
    < div class = "container">
        < div class = "row">
            < div class = "col -12 col - sm - 6 col - md - 8">
                特小占12 份额小屏幕 6 份中等占 8 份
            </ div >
            < div class = "col - sm - 6 col - md - 4">
                小屏幕 6 份中等占 4 份
            </ div >
        </ div >
    </ div >
</ body >
```

结果如图 3 - 20 ~ 图 3 - 22 所示。

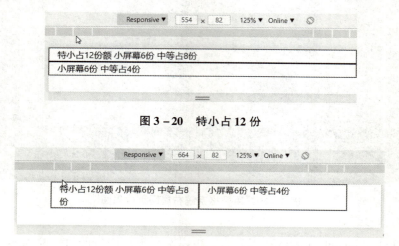

图 3 - 20   特小占 12 份

图 3 - 21   小屏幕各占 6 份

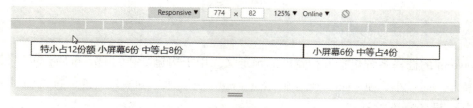

图 3 - 22   中等各占 8 份和 4 份

其实在超小屏幕下只显示第一部分内容，第二部分内容不显示，需要在第二部分使用 < div class = col - sm col - md - 4" >增加类 d - none 和 d - sm - block， 即 < div class = d - none d - sm - block col - sm col - md - 4" > ，这两个类的具体介绍在下面章节进行。

设计如下栅格布局：

①在中等屏幕上显示为 6 张图片，如图 3 - 23 所示。

②在小屏幕上每行显示 3 张图片，其余图片换行显示，如图 3 - 24 所示。

图 3 – 23　中等屏幕上显示 6 张图片

图 3 – 24　小屏幕上每行显示 3 张图片

③在超小屏幕上每行显示 2 张图片，其余图片换行显示。每行 2 张图片，如图 3 – 25 所示。每张图片占 6 列，所以为 6 个 div 各增加一个类 col – 6。

图 3 – 25　超小屏幕上每行显示 2 张图片

```
< div class = "container">
< div class = "row">
    < div class = "col – md col – sm – 4 col – 6">
        < img src = "../img/caipin/s01.jpg"/>
    </div>
    < div class = "col – md col – sm – 4 col – 6">
        < img src = "../img/caipin/s02.jpg"/>
    </div>
    < div class = "col – md col – sm – 4 col – 6">
        < img src = "../img/caipin/s03.jpg"/>
    </div>
    < div class = "col – md col – sm – 4 col – 6">
        < img src = "../img/caipin/s04.jpg"/>
```

```
    </div >
    < div class = "col - md col - sm - 4 col - 6">
         < img src = "../img/caipin/s05.jpg"/>
    </div >
    < div class = "col - md col - sm - 4 col - 6">
         < img src = "../img/caipin/s06.jpg"/>
    </div >
</div >
```

3.3.5 栅格的对齐、排列与偏移

1. 栅格的对齐

栅格的对齐方式分为垂直对齐、水平对齐，以及当某行宽度不足100%时栅格的对齐方式，与弹性盒的对齐方式相似，具体内容参考"内容对齐与内容排列"本书部分，这里做一个示例说明。

```
< ! doctype html >
< html lang = "en">
< head >
< meta charset = "UTF - 8">
< meta name = "viewport" content = "width = device - width,initial - scale =1" />
< title > Document </title >
< link rel = "stylesheet" type = "text/css" href = "../css/bootstrap.css"/>
< style >
    .row { /*高是100px*/
       border: solid red;
       height: 100px;
    }
    .ca { /*格子的高是30px*/
       border: 1px blue solid;
       height: 30px;
    }
</style >
</head >
< body >
< div class = "container">
    <!--普通 默认是行 居顶(align - items - start) -->
    < div class = "row">
       < div class = "ca col - sm ">1 列 </div >
       < div class = "ca col - sm">2 列 </div >
       < div class = "ca col - sm">3 列 </div >
    </div >
    < br >
       <!-- 行居中 -->
    < div class = "row align - items - center">
       < div class = "ca col - sm ">1 列 </div >
```

```
        <div class = "ca col - sm">2 列 </div >
        <div class = "ca col - sm">3 列 </div >
    </div >
    <br >
    <!-- 行居底 -->
    <div class = "row align - items - end">
        <div class = "ca col - sm ">1 列 </div >
        <div class = "ca col - sm">2 列 </div >
        <div class = "ca col - sm">3 列 </div >
    </div >
    <br >
<!------------------------------------------------------------>
    <!-- 普通 默认是列 居顶(align - self - start) -->
    <br >
    <div class = "row">
        <div class = "ca col - sm ">1 列 </div >
        <div class = "ca col - sm ">2 列 </div >
        <div class = "ca col - sm ">3 列 </div >
    </div >
    <!-- 三种列 默认是居顶 下面是否全部:(align - self - xxx) -->
    <br >
    <div class = "row">
        <div class = "ca col - sm align - self - start">1 列 </div >
        <div class = "ca col - sm align - self - center">2 列 </div >
        <div class = "ca col - sm align - self - end">3 列 </div >
    </div >
    <!------------------------------------------------------------>
    <br >
    <br >
<!-- 满 100% 填充时 可以用 justify - content - * 指定对齐方式 -->
    <div class = "row justify - content - start">    <!-- 这里 1 + 2 + 3 = 6 未满 12 默认
是左对齐 -->
        <div class = "ca col - sm - 1 ">1 列 </div >
        <div class = "ca col - sm - 2 ">2 列 </div >
        <div class = "ca col - sm - 3 ">3 列 </div >
    </div >
    <br >
    <div class = "row justify - content - center">    <!-- 这里 1 + 2 + 3 = 6 未满 12 此
处居中 -->
        <div class = "ca col - sm - 1 ">1 列 </div >
        <div class = "ca col - sm - 2 ">2 列 </div >
        <div class = "ca col - sm - 3 ">3 列 </div >
    </div >
    <br >
    <div class = "row justify - content - end">    <!-- 这里 1 + 2 + 3 = 6 未满 12 此处右
对齐 -->
        <div class = "ca col - sm - 1 ">1 列 </div >
        <div class = "ca col - sm - 2 ">2 列 </div >
```

```
        <div class = "ca col - sm - 3 ">3 列 </div >
    </div >
    <br >
    <div class = "row justify - content - around">    <!--这里 1 + 2 + 3 = 6 未满 12 此
处间隔相等 -->
        <div class = "ca col - sm - 1 ">1 列 </div >
        <div class = "ca col - sm - 2 ">2 列 </div >
        <div class = "ca col - sm - 3 ">3 列 </div >
    </div >
    <br >
    <div class = "row justify - content - between">    <!--这里 1 + 2 + 3 = 6 未满 12 此
处两端对齐 -->
        <div class = "ca col - sm - 1 ">1 列 </div >
        <div class = "ca col - sm - 2 ">2 列 </div >
        <div class = "ca col - sm - 3 ">3 列 </div >
    </div >
    <br >
</div >
</body >
</html >
```

2. 使用 .offset - * - * 进行栅格偏移

使用响应式的 .offset - * - * 栅格偏移方法：第一个星号（*）可以是 sm、md、lg、xl，表示屏幕设备类型；第二个星号（*）可以是 1 ~ 11 的数字。也就是使用 .offset - N 或 .offset - * - N 设置列的偏移量，N 表示栅格列数。比如，为了在中等屏幕显示器上使用偏移，可使用 .offset - md - * 类。这些类会把一个列的左外边距（margin）增加 * 列。例如，.offset - md - 4 是把 .col - md - 4 往右移了四列格。

```
<div class = "container - fluid">
<div class = "row">
    <div class = "col - md - 4 bg - success">.col - md - 4 </div >
    <div class = "col - md - 4 offset - md - 4  bg - warning">.col - md - 4.offset -
md - 4 </div >
</div >
    </div >
```

结果如图 3 - 26 所示。

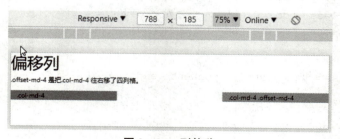

图 3 - 26 列偏移

有时需要重置偏移量，可以查看如图3-27和图3-28所示效果。

```
<div class = "row">
        <div class = "col-sm-5 col-md-6 bg-success">.col-sm-5.col-md-6 </div>
        <div class = "col-sm-5 offset-sm-2 col-md-6 offset-md-0 bg-warning">.
col-sm-5.offset-sm-2.col-md-6.offset-md-0 </div>
    </div>
```

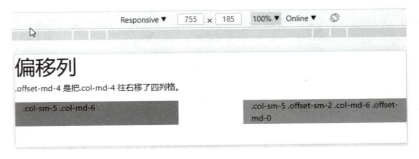

图3-27　小屏幕效果

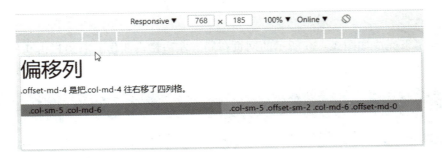

图3-28　中等屏幕效果

3. 使用边界处理类调整元素之间距离

主要涉及诸如 .m-*-*、.p-*-*、.m-*、.p-* 等实用工具类，第一个星号（*）可以是 sm、md、lg、xl，表示屏幕设备类型，第二个星号（*）可以是0~5的数字，或者是 auto。可以使用 .ml-auto 和 .mr-auto 进行左右对齐，如图3-29所示。

图3-29　使用边界处理类调整元素之间的距离

```
< div class = "row">
< div class = "col - md - 4 bg - success">.col - md - 4 </div >
< div class = "col - md - 4 ml - auto bg - warning">.col - md - 4.ml - auto </div >
</div >
< div class = "row">
< div class = "col - md - 3 ml - md - auto bg - success">.col - md - 3.ml - md - auto </div >
< div class = "col - md - 3 ml - md - auto bg - warning">.col - md - 3.ml - md - auto </div >
</div >
< div class = "row">
< div class = "col - auto mr - auto bg - success">.col - auto.mr - auto </div >
< div class = "col - auto bg - warning">.col - auto </div >
</div >
```

对于 . m – * – *、. p – * – * 的详细介绍参考章节 "5. 3. 2 设置间隔"。

3. 3. 6　列嵌套

为了使用内置的栅格系统将内容再次嵌套，可以通过添加一个新的 . row 元素和一系列 . col – sm – * 元素到已经存在的 . col – sm – * 元素内。被嵌套的行（row）所包含的列 （column）数量推荐不要超过 12 个（其实，没有要求必须占满 12 列，否则应对页面进行重新规划布局）。

在中屏幕下完成如图 3 – 30 所示的网页布局。左边栏占 3 份，右边栏占 9 份，在右边栏又分成 6 – 6 的形式。

图 3 – 30　列嵌套

为了使用内置的栅格系统将内容再次嵌套，可以通过添加一个新的 . row 元素和一系列 . col – md – * 元素到已经存在的 . col – md – * 元素内。

首先写第一行内容：

```
< body >
    < div class = "container">
        < div class = "row">
            < div class = "col - md - 3">col - md - 3 </div >
            < div class = "col - md - 9">col - md - 9 </div >
            </div >
    </div >
< style type = "text / css">
    div[ class * = col]{
        background - color:gray;
        border:solid 1pxblack;
    }
```

然后写第二行内容：

```
< div class = "container">
    < div class = "row">
        < div class = "col - md - 3">外层占3份 </div >
        < div class = "col - md - 9">
            < div class = "row">
                < div class = "col - md">
                    嵌套层占6份
                </div >
                < div class = "col - md">
                    嵌套层占6份
                <! -- </div > -->
            </div >
        </div >
    </div >
</div >
```

设置样式，每个含有 col 的类，上下 padding15 px，.col - md - 3，.col - md - 9 {height：100 px；}：

```
div[ class * = col]{
    padding - top:15px;
    padding - bottom:15px;
    background - color:gray;
    border:solid 1pxblack;
}
.col - md - 3，.col - md - 9{
    height:100px;
}
</style >
```

或者简单写成：

```
div[ class * = col]{
    border:solid 1px black;
}
```

尝试如图 3 - 31 所示的列嵌套设置，按照以下要求创建一个栅格系统布局：创建一个 8 - 4 列的栅格（即第一列为 8 格，第二列为 4 格），在第一个 8 列中再插入一个 8 - 4 列的栅格，在第二个 4 列中再插入一个 9 - 3 列栅格（备注：以中屏幕 md 为例）。

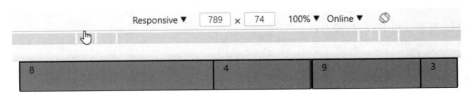

图 3 - 31　列嵌套练习

第一步：创建 8 - 4 栅格。

```
<div class = "container">
        <div class = "row">
            <div class = "col - md - 8">col - md - 8
            </div>
            <div class = "col - md - 4">col - md - 4
            </div>
        </div>
</div>
```

写样式：

```
div[class * = col]{
                border:1px solid black;
            }
```

第二步：在 8 - 4 栅格中嵌入 row。

```
<div class = "row">
    <div class = "col - md - 8">col - md - 8
        <div class = "row">
            <div class = "col - md - 8">第二层 8 </div>
            <div class = "col - md - 4">第二层 4 </div>
        </div>
    </div>
    <div class = "col - md - 4">col - md - 4
        <div class = "row">
            <div class = "col - md - 9">第二层 9 </div>
            <div class = "col - md - 3">第二层 3 </div>
        </div>
    </div>
</div>
```

加样式，并且把一级中的其他内容删除：

```
<style type = "text/css">
        div[class * = col]{
            border:1px solid black;
            background - color:goldenrod;
            height:50px;
        }
</style>
```

设置如图 3 - 32 所示效果。

三分之一空间占位	三分之一空间占位	三分之一空间占位

图 3 - 32   设置效果

```
<div class = "container">
<div class = "row">
<div class = "col - sm">
三分之一空间占位
</div>
<div class = "col - sm">
三分之一空间占位
</div>
<div class = "col - sm">
三分之一空间占位
</div>
</div>
</div>
```

 任务总结

通过本任务的学习，熟悉了 Bootstrap 的栅格（网格）系统，掌握了 col -、col - sm、col - md、col - lg、col - xl，会灵活运用栅格的对齐、排列、偏移等方式对页面进行布局。

项目评价表

序号	学习目标	学生自评
1	认识 Bootstrap	□能够下载、引用 Bootstrap □需要参考教材内容才能实现 □遇到问题不知道如何解决
2	能够灵活选用布局容器	□能够灵活选择 □需要参考相应的代码才能实现 □无法独立完成程序的设计
3	能够使用栅格系统对页面进行布局	□能够熟练操作多种屏幕情况栅格的使用 □需要参考相应的代码才能实现 □无法独立完成程序的设计

评价得分			
学生自评得分 （20%）	学习成果得分 （60%）	学习过程得分 （20%）	项目综合得分

项目小结

　　本项目学习了 Bootstrap4 框架中的栅格系统，它是用 flexbox 构建的，使用一系列容器、行和列来布局与对齐内容，是响应式的，对我们的内容排版非常重要。

项目 4

Bootstrap内容

任务 4.1　应用 Bootstrap 排版

 **任务描述**

学习 Bootstrap 的内容排版，分为标题类、文本类和列表类三部分内容。本次的任务就是使用 Bootstrap 的排版特性，创建标题、段落、列表及其他内联元素。

 **任务实施**

4.1.1　全局设置

Bootstrap 定义了基本的全局显示、排版及链接样式，同时提供了一个通用文本样式示例。

使用本地字体堆栈，从而使每一个操作系统或设备上的 font – family 渲染都得到最佳的体现（而不是强制多设备共享一套字体呈现标准）。

对于更具包容性和可访问的类型规模，假设浏览器默认根元素字体大小 font – size 通常为 16 像素，而访客根据自身需要定义浏览器字体大小，并不会影响网页表现。

定义全局的 a 链接颜色和 hover 下划线颜色呈现。

定义 < body > 的 background – color 属性，默认为白色（#fff）。

这些定义可以在_reboot. scss 中找到，并根据需要自定义全局变量_variables. scss（确保 \$font – size – base 使用 rem 单位）。Bootstrap 使用的 rems，这是一种字体测量系统，这样更容易控制字体的大小；跨平台和单个组件，这样更容易管理布局。

Bootstrap4 的默认设置：默认的 font – size 为 16 px，line – height 为 1.5。默认的 font – family 为"HelveticaNeue""Helvetica, Arial, sans – serif"。此外，对于所有的 < p > 元素，margin – top:0、margin – bottom:1rem(16 px)。

在 CSS 中，垂直边缘不会塌陷，这使得在段落和标题之间计算合适的间距变得困难，为了避免这种情况，Bootstrap 在元素的底部增加了 margin，因此它尽可能避免使用 margin –

top 属性，这意味着不得不在顶部留出一点空间。但它确实使内容更容易更新，因为所有的 margin 都会被放在元素的底部。

Bootstrap 只要有可能，就使用继承性，当用户编写自己的 CSS 时，这一点很重要，因为除了 Bootstrap CSS，你不用那么努力工作去超越风格了。

4.1.2 标题

①使用 <h1> ~ <h6> 可以创建不同尺寸的标题文字。

Bootstrap 分别对 h1 ~ h6 进行了 CSS 样式的重构，并且还支持元素定义 class = (.h1 ~ .h6) 来实现相同的功能。

标题的使用方法和平时一样，代码如下：

```
<h1>我是标题 h1 </h1>
<h2>我是标题 h2 </h2>
<h3>我是标题 h3 </h3>
<h4>我是标题 h4 </h4>
<h5>我是标题 h5 </h5>
<h6>我是标题 h6 </h6>
```

②如果是使用其他元素标签，比如 <p> 或 <div> 标签，调用 .h1 ~ .h6 同样实现大标题。

```
<p class = "h1">Bootstrap </p>
<div class = "h2">Bootstrap </div>
```

所以 Bootstrap 还定义了 6 个标题类样式（.h1 ~ .h6），可以在非标题元素下使用。

```
<div class = "h1">我是标题 h1 </div>
<div class = "h2">我是标题 h1 </div>
<div class = "h3">我是标题 h1 </div>
<div class = "h4">我是标题 h1 </div>
<div class = "h5">我是标题 h1 </div>
<div class = "h6">我是标题 h1 </div>
```

效果如图 4 - 1 所示。

③还有一种更大型、更加醒目的标题方式：.display - 1 ~ 4。

Bootstrap 可以将传统的标题元素设计得更漂亮，以迎合网页内容。如果想要一个标题醒目，考虑使用显示标题——一种更大型、鲜明的标题样式，则可以用下面方法，效果如图 4 - 2 所示。

```
<h1 class = "display -1">Bootstrap </h1>
<h1 class = "display -2">Bootstrap </h1>
<h1 class = "display -3">Bootstrap </h1>
<h1 class = "display -4">Bootstrap </h1>
```

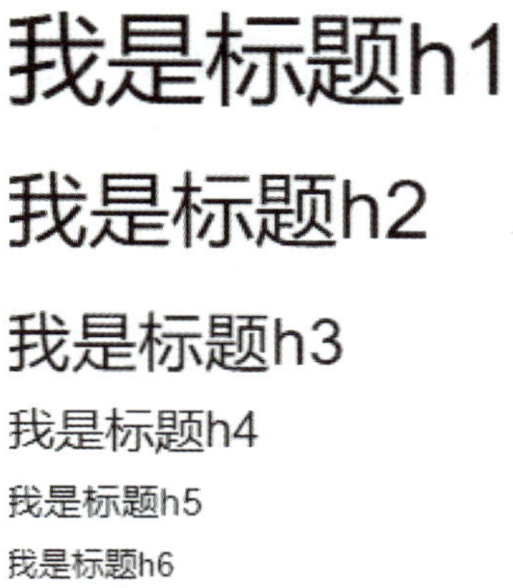

我是标题h1

我是标题h2

我是标题h3

我是标题h4

我是标题h5

我是标题h6

Display 标题

Display 标题可以输出更大更粗的字体样式。

Display 1

Display 2

Display 3

Display 4

图 4 - 1　标题 　　　　　　　　　图 4 - 2　更大型更加醒目的标题

④通过 < small > 元素创建字号更小的、颜色更浅的文本，一般用作副标题。

如果需要向任何标题添加一个内联子标题，只需要简单地在元素两旁添加 < small > ，或者添加 . small 类，这样子标题就能得到一个字号更小的、颜色更浅的文本，如下面示例所示：

```
< h1 > 我是标题 h1 < small > 我是副标题 h1 </ small > </ h1 >
< h2 > 我是标题 h2 < small > 我是副标题 h2 </ small > </ h2 >
```

或者使用 . small 类：

```
< h1 > 我是标题 h1 < span class = "small"> 我是副标题 h1 </ span > </ h1 >
< h2 > 我是标题 h2 < span class = "small"> 我是副标题 h2 </ span > </ h2 >
```

效果如图 4 - 3 所示。

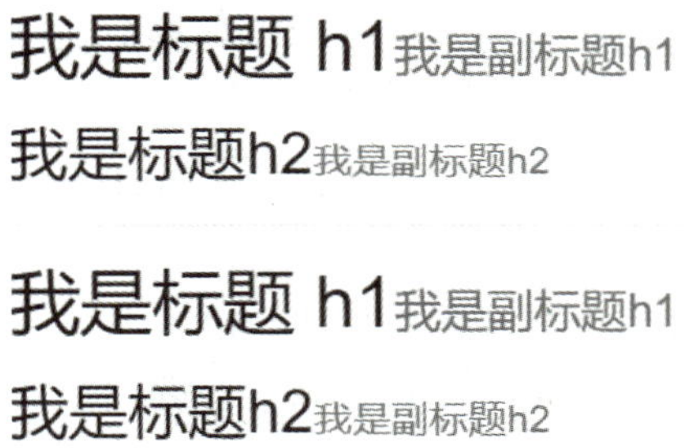

我是标题 h1 我是副标题h1

我是标题h2 我是副标题h2

我是标题 h1 我是副标题h1

我是标题h2 我是副标题h2

图 4 - 3　使用 small 创建副标题

⑤通过 . text - muted 样式创建辅助标题文本，构建大标题的附属小标题。

```
< p class = "h1">
    Bootstrap < small class = "text -muted">V4.3 </small >
</p >
< div class = "h2">
    Bootstrap < small class = "text -muted">V4.3 </small >
</div >
```

4.1.3　文本类与文本元素

①添加标记，添加标记的标签是 < mark > ，或者使用 . mark 类，该标签和类将文本设置为黄色背景并有一定的内边距的效果。

```
< p > Bootstrap < mark > 框架 </mark > </p >
```

效果如图 4 – 4 所示。

②各种加线条的文本（删除和插入的文本）：

```
< del > Bootstrap 框架 </del > < br/> <! -- 删除的文本 -->
< s > Bootstrap 框架 </s > < br/> <! -- 效果同上,无用的文本 -->
< ins > Bootstrap 框架 </ins > < br/> <! -- 插入的文本 -->
< u > Bootstrap 框架 </u > <! -- 效果同上,下划线文本 -->粗体
```

效果如图 4 – 5 所示。

Bootstrap 框架

图 4 – 4　mark 类

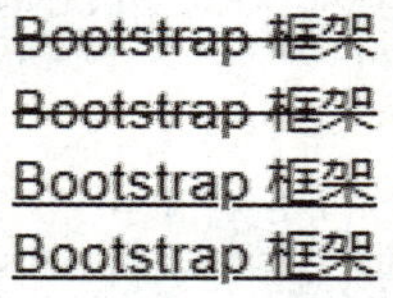

~~Bootstrap 框架~~
~~Bootstrap 框架~~
Bootstrap 框架
Bootstrap 框架

图 4 – 5　各种加线条的文本

③各种强调的文本。

对于不需要强调的 inline 或 block 类型的文本，使用 < small > 标签包裹，其内的文本将被设置为父容器字体大小的 80% 。标题元素中嵌套的 < small > 元素被设置成不同的 font – size。还可以为行内元素赋予 . small 类，以代替任何 < small > 元素。

< strong > 标签通过增加 font – weight 值强调一段文本。

< b > 标签也用于加粗，用于高亮显示单词或短语，不带有任何着重的意味。

< em > 标签用斜体强调一段文本。< em > 标签告诉浏览器把其中的文本表示为强调的内容。对于所有浏览器来说，这意味着要把这段文字用斜体来显示。

< i > 标签显示斜体文本效果，标签主要用于发言、技术词汇等。

示例如下：

```
<!--各种强调文本-->
<small>我在学习 Bootstrap 框架(small 标签或者类,标准字号的 80%)</small><br/>
<!--标准字号的 80% -->
<strong>我在学习 Bootstrap 框架(strong 标签,加粗 700)</strong><br/><!--加粗
700-->
<b>b 与 strong 一样的加粗效果</b><br/>
<em>我在学习 Bootstrap 框架(em 标签倾斜)</em><br/><!--倾斜-->
<i>i 标签是实现斜体的</i><br/>
<hr/>
<p>我在慕课网上跟<em>牛人</em>一起学习<i>Bootstrap</i>的使用。我一定要学会
<i>Bootstrap</i>。</p>
```

效果如图 4-6 所示。

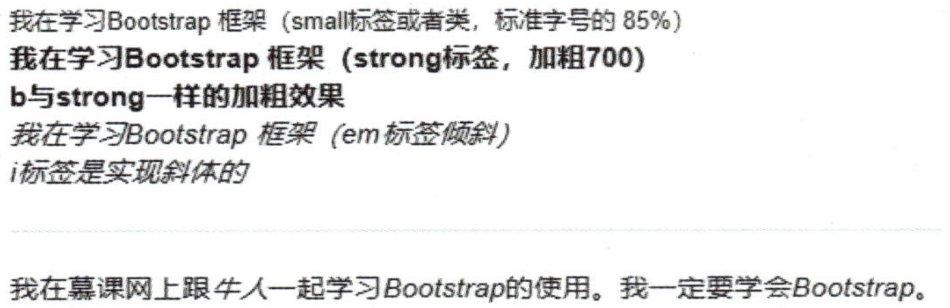

我在学习Bootstrap 框架（small标签或者类，标准字号的 85%）
我在学习Bootstrap 框架（strong标签，加粗700)
b与strong一样的加粗效果
我在学习Bootstrap 框架（em标签倾斜)
i标签是实现斜体的

我在慕课网上跟*牛人*一起学习*Bootstrap*的使用。我一定要学会*Bootstrap*。

图 4-6　各种强调的文本

以上其实就是 HTML5 文本元素的常用内联表现方法，也适用于 Bootstrap4。下面是来自 HTML5 比较常用的文本内联元素。

```
<p>这是一段测试各种文本<mark>效果的文字</mark></p>
<p><del>这是一段测试各种文本效果的文字</del></p>
<p><s>这是一段测试各种文本效果的文字</s></p>
<p><ins>这是一段测试各种文本效果的文字</ins></p>
<p><u>这是一段测试各种文本效果的文字</u></p>
<p><small>这是一段测试各种文本效果的文字</small></p>
<p><strong>这是一段测试各种文本效果的文字</strong></p>
<p><em>这是一段测试各种文本效果的文字</em></p>
```

.mark、.small 类也可以应用相同的 HTML 标签 <mark>、<small>，这样还可以避免标签带来的任何不必要的语义含义。虽然上面没有明确显示，但可以随意使用 <b> 和 <i> 等 HTML5 标签，其中 <b> 旨在突出显示单词或短语，而不会增加重要性，<i> 主要用于语音、技术术语等。

④想要指定一些段落中重要的内容，可以使用 .lead 强调。

通过应用 .lead 样式，可以定义一个中心段落，用于提示这是中心内容或重要内容。

```
<p class="lead">Bootstrap 框架(这一部分文字会突出显示)</p>
<p>Bootstrap 框架(这一部分文字是普通段落文本)</p>
```

效果如图 4-7 所示。

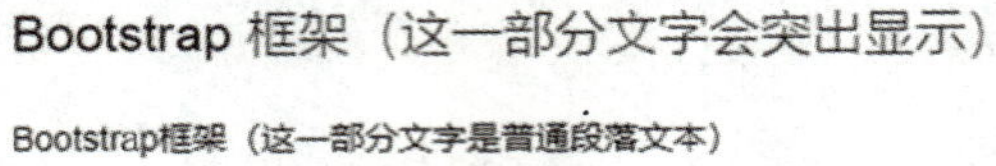

Bootstrap 框架（这一部分文字会突出显示）

Bootstrap框架（这一部分文字是普通段落文本）

图 4-7　使用 lead 强调

4.1.4　文本实用程序

使用 Bootstrap 提供的文本实用程序可更改文本对齐、变换、样式、权重和颜色。

1. 缩略语 < abbr >

HTML 元素提供了用于缩写的标记，比如 WWW 或 HTTP。Bootstrap 定义 < abbr > 元素的样式为显示在文本底部的一条虚线边框，当鼠标悬停在上面时，会显示完整的文本（只要为 < abbr > 的 title 属性添加了文本）。为了得到一个更小字体的文本，可添加 . initialism 到 < abbr >，字体会变为原来的90%。abbr 是 abbreviation 的缩写，这个词的意思是缩写。

```
< abbr title = "abbreviation">abbr </abbr > < br >
< abbr title = "World Wide Web">WWW </abbr > < br >
< abbr title = "HyperText Markup Language"class = "initialism">HTML </abbr >
```

效果如图 4-8 所示。

2. 引用内容 < blockquote >

引用的内容可以在 < blockquote > 标签上添类 . blockquote。类 . blockquote 进行来源备注与引用。

为了显示直接引用，推荐使用 < p > 标签作为子级包裹容器。底部来源 < footer class = "blockquote - footer" > 用于标识来源，一般用于页脚（所以有 * - footer），然后配合 < cite > 标签使用。< cite > 标签通常表示它所包含的文本对某个参考文献的引用，比如书籍或者杂志的标题。如果需要居中对齐或右对齐，使用 . text - center、. text - right 类。

abbr
WWW
HTML ｜World Wide Web｜

图 4-8　缩略语 < abbr >

```
< blockquote class = "blockquote text - right">
    < p class = "mb - 0">爱上一个地方,就应该背上包去旅游,走得更远。</p >
    < footer class = "blockquote - footer" > 出自商务印书馆的 < cite title =
"SourceTitle">《新华字典》</cite >
    </footer >
</blockquote >
```

效果如图 4-9 所示。

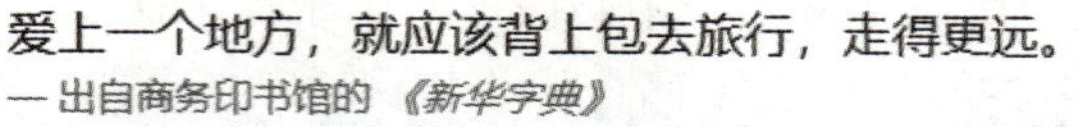

爱上一个地方，就应该背上包去旅行，走得更远。
— 出自商务印书馆的 *《新华字典》*

图 4-9　引用内容 < blockquote >

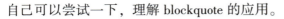

自己可以尝试一下，理解 blockquote 的应用。

```
<div class = "container">
    <blockquote class = "blockquote">
<p>万维网 WWW 是 WorldWideWeb 的简称,也称为 Web、3W 等。WWW 服务器通过超文本标记语言
(HTML)把信息组织成为图文并茂的超文本,利用链接从一个站点跳到另个站点.</p>
<footer class = "blockquote - footer">来源于科普中国 </footer>
</blockquote >
</div >
```

3. 对齐处理

Bootstrap 中还有其他一些排版类，比如对齐方式。text – left：左对齐，text – center：居中对齐，text – right：右对齐，text – justify 两端对齐（平均对齐），text – nowrap 不换行等。text – justify 类只对英文起作用，想要中文也有效果，需要在 text – justify 类中再附加 text – justify：inter – ideograph 属性设置。

示例如下：

```
<p class = "text - left">我居左 </p>
<p class = "text - center">我居中 </p>
<p class = "text - right">我居右 </p>
```

效果如图 4 – 10 所示。

我居左

我居中

我居右

图 4 – 10　对齐处理效果

同样，Bootstrap 还提供了 text – sm｜md｜lg｜xl – left、text – sm｜md｜lg｜xl – right、text – sm｜md｜lg｜xl – center 等响应式对齐类。

4.1.5　列表

Bootstrap 支持有序列表、无序列表和定义列表。

有序列表：有序列表是指以数字或其他有序字符开头的列表。

无序列表：无序列表是指没有特定顺序的列表，是以传统风格的着重号开头的列表。如果不想显示这些着重号，可以使用类 . list – unstyled 来移除样式。也可以通过使用类 . list – inline 把所有的列表项放在同一行中。在 ul（或 ol）上使用 . list – unstyled 可以删除列表项目上默认的 list – style 以及左外边距（只针对直接子元素），这只在直接子列表项目上生效，不影响嵌套的子列表。

定义列表：在这种类型的列表中，每个列表项可以包含 < dt > 和 < dd > 元素。< dt > 代表定义术语，就像字典。< dd > 是 < dt > 的描述. . dl – horizontal 可以让 < dl > 内的短语及其描述排在一行。开始是像 < dl > 的默认样式那样堆叠在一起，随着导航条逐渐展开而排列在

一行。

①给列表添加 . list – unstyled，可以去除默认列表样式风格，效果如图 4 – 11 所示。

```
<h5 >去除默认无序列表样式风格 </h5 >
    <ul class = "list - unstyled">
        <li >
            无序列表一
            <ul >
            <li >无序列表一的子列表 1 </li >
            <li >无序列表一的子列表 2 </li >
            </ul >
        </li >
        <li >无序项目二 </li >
</ul >
<h5 >去除默认有序列表样式风格 </h5 >
<ol class = "list - unstyled">
    <li >
        有序项目列表一
        <ol >
        <li >有序列表一的子列表 1 </li >
        <li >有序列表一的子列表 2 </li >
        </ol >
    </li >
    <li >有序项目列表二 </li >
```

</ol >效果如图 4 –11 所示。

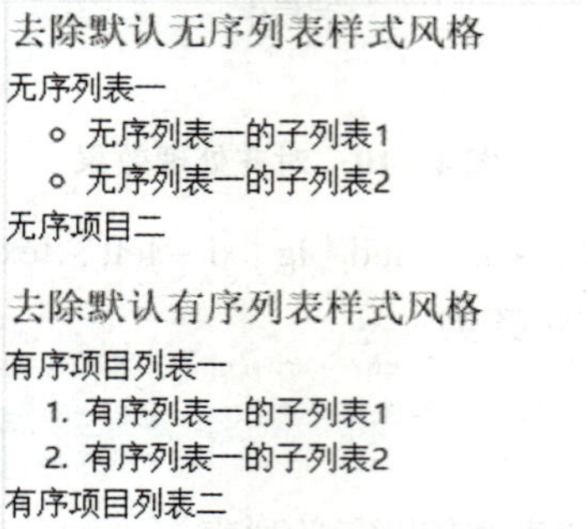

去除默认无序列表样式风格
无序列表一
   ○ 无序列表一的子列表1
   ○ 无序列表一的子列表2
无序项目二

去除默认有序列表样式风格
有序项目列表一
   1. 有序列表一的子列表1
   2. 有序列表一的子列表2
有序项目列表二

图 4 –11　添加 . list – unstyled 去除默认列表样式

②使用 . list – inline 类可以实现列表逐行显示，. list – inline、. list – inline – item 结合使用可以实现单行并排显示。

```
<ul class = "list - inline">
  <li >HTML </li >
  <li >CSS </li >
  <li >HTML5 </li >
  <li >CSS3 </li >
```

```
    < li >JavaScript </li >
    < li >jQuery </li >
    < li >PHP </li >
</ul >
```

或者

```
< ul class = "list - inline">
    < li class = "list - inline">HTML </li >
    < li class = "list - inline">CSS </li >
    < li class = "list - inline">HTML5 </li >
    < li class = "list - inline">CSS3 </li >
    < li class = "list - inline">JavaScript </li >
    < li class = "list - inline">jQuery </li >
    < li class = "list - inline">PHP </li >
</ul >
```

效果如图 4 – 12 所示。

HTML
CSS
HTML5
CSS3
JavaScript
jQuery
PHP

图 4 – 12　使用 . list – inline 效果

使用 list – inline – item：

```
< ul class = "list - inline">
    < li class = "list - inline - item">HTML </li >
    < li class = "list - inline - item">CSS </li >
    < li class = "list - inline - item">HTML5 </li >
    < li class = "list - inline - item">CSS3 </li >
    < li class = "list - inline - item">JavaScript </li >
    < li class = "list - inline - item">jQuery </li >
    < li class = "list - inline - item">PHP </li >
</ul >
```

效果如图 4 – 13 所示。

HTML　CSS　HTML5　CSS3　JavaScript　jQuery　PHP

图 4 – 13　使用 . list – inline – item 效果

③dl 表格式水平描述。

使用 Bootstrap 栅格系统的预定义类（或者说语义化 mixins），可以水平对齐条目和描述。对于较长的条目，可以视情况添加一个 .text – truncate 类，从而用省略号截断文本。

```
<dl class = "row">
    <dt class = "col – sm – 2">姓名 </dt >
    <dd class = "col – sm – 10">张三 </dd >
    <dt class = "col – sm – 2 text – truncate">是否有过带团队的经验以及团队遇到过的问
题和解决办法 </dt >
    <dd class = "col – sm – 10">有过 6 年带领团队开发经验 </dd >
    <dt class = "col – sm – 2">其他 </dt >
    <dd class = "col – sm – 10">
        <dl class = "row">
            <dt class = "col – md – 2">性别 </dt >
            <dd class = "col – md – 10">男 </dd >
        </dl >
    </dd >
</dl >
```

结果如图 4 – 14 所示。

姓名	张三
是否有…	有过6年带领团队开发经验
其他	**性别**
	男

图 4 – 14　dl 表格式水平描述

 任务总结

在本任务中，学习了 Bootstrap 的内容排版的知识，主要学习了标题、文本、列表，在网页的设计中要根据需要灵活使用文本类以及列表类。

任务 4. 2　使用 Bootstrap 代码、图片和图文

 **任务描述**

本任务学习 Bootstrap 中显示行内嵌入的内联代码和多行代码段，学习 Bootstrap 图片的相关设置和图片的响应式行为，完成下面任务。

 **任务实施**

4. 2. 1　代码

1. 内联代码

用 <code >包裹内联代码片断，文本内容将显示为等宽的，类似于电传打字机样式的

字体。

示例：

```
< code >&lt;section&gt; </ code >
```

浏览器显示内容为 < section >。

示例：

```
< div class = "container">
<h1 >代码片段 </h1 >
<p >可以将一些代码元素放到 code 元素里面： </p >
<p >以下 HTML 元素： < code > span </ code >，< code > section </ code > 和 < code > div
</ code >用于定义部分文档内容。 </p >
</div >
```

2. 代码块

使用 < pre >标签可以包裹代码块，同样，HTML 的尖括号需要进行定义。

```
< pre >
  < code >&lt;p&gt;Sample text here...&lt;/p&gt;
 &lt;p&gt;And another line of sample text here...&lt;/p&gt;
  </ code >
</pre >
```

还可以使用 . pre – scrollable CSS 样式，实现垂直滚动的效果，它默认提供350 px 高度限制、Y 轴垂直滚动效果。

```
< pre class = "pre – scrollable">
< code >&lt;p&gt;
```

引用 . pre – scrollable 实现限高垂直滚动。

```
< br/> < br/> < br/> < br/> < br/> < br/> < br/> < br/> < br/> < br/> < br/> < br/>
< br/> < br/> < br/> < br/> < br/> < br/> < br/> < br/> < br/> < br/> < br/> < br/>
< br/>&lt;/p&gt;
 &lt;p&gt;And another line of sample text here...&lt;/p&gt;
  </ code >
  </pre >
```

3. var 变量

推荐使用 < var >标签包裹标识变量。

```
y = mx + b < br/>
 < var >y </var >= < var >m </var > < var >x </var > + < var >b </var >
```

4. 用户输入（键盘动作提示）

使用 < kbd >标签标明这是一个键盘输入操作。尝试下面的示例，效果如图 4 – 15

所示。

```
To switch directories,type < kbd > cd </kbd > followed by the name of the directory.
< br >
To edit settings,press < kbd > < kbd > ctrl </kbd > + < kbd > , </kbd > </kbd >
```

To switch directories, type `cd` followed by the name of the directory.
To edit settings, press `ctrl + ,`

图 4 - 15　键盘动作提示

自己尝试完成如下示例,效果如图 4 - 16 所示。

```
< div class = "container">
< h1 > Keyboard Inputs </h1 >
< p > To indicate input that is typically entered via the keyboard,use the kbd ele-
ment: </p >
< p > Use < kbd > ctrl + p </kbd > to open the Print dialog box. </p >
</div >
```

Keyboard Inputs

To indicate input that is typically entered via the keyboard, use the kbd
element:

Use `ctrl + p` to open the Print dialog box.

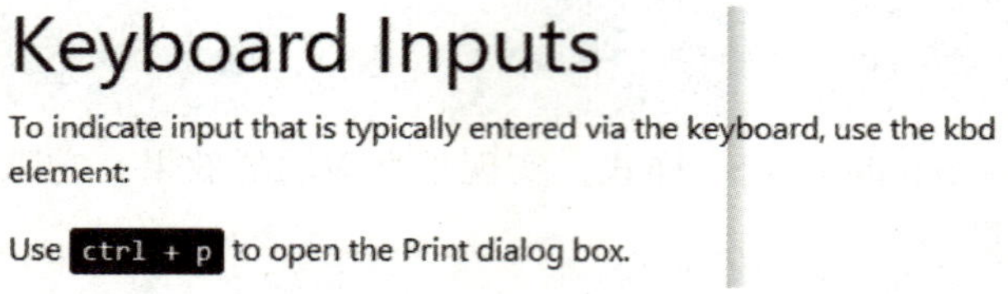

图 4 - 16　用户输入提示

4.2.2　**Bootstrap** 图片和图文

①圆角图片。. rounded 类可以让图片显示圆角效果。

```
< img class = "rounded" src = "img/flower1.webp"/ >
```

②椭圆图片。. rounded - circle 类可以设置椭圆形图片。

```
< img class = "rounded - circle" src = "img/flower1.webp"/>
```

③缩略图处理。可以使用. img - thumbnail 属性来使图片自动加上一个带圆角且 1 px 边界的外框缩略图样式（也可以使用系统提供的边隙间距方法,如. p - 1,再加上边框颜色定义达成）。

```
< img class = "img - thumbnail" src = "img/flower1.webp"/>
```

④响应式图片。给图片添加一个. img - fluid 样式或设置 max - width:100% * , height:auto, 即可赋得响应式特性,图片大小会随着父元素大小同步缩放。max - width 可以是其

他值。

```
< img class = "img – fluid" src = "img / flower1.webp" />
```

　　⑤图像对齐处理。通过 . float – left 和 . float – right 来设置图片的左右浮动。通过 . d –
block 设置为区块，再通过 margin 左右 auto 方式 . mx – auto 实现居中。

```
< img class = "float – left" src = "img / flower1.webp" />
< img class = "float – right" src = "img / flower2.webp" />
< img class = "d – block mx – auto" src = "img / flower1.webp" />
```

　　⑥因为图片本身是内联块属性，所以在父层直接使用 . text – center 也可以实现居中。

```
< div class = "text – center">
    < img src = "img / thumb.png" class = "img – thumbnail" alt = "缩略图">
</div >
```

　　⑦使用 HTML5 新标签 < picture > 来实现响应式图片设置。
　　< picture > 元素允许在不同的设备上显示不同的图片，一般用于响应式。HTML5 引入
了 < picture > 元素，该元素可以让图片资源的调整更加灵活。< picture > 元素具有零个或多
个 < source > 元素和一个 < img > 元素，每个 < source > 元素匹配不同的设备并引用不同的图
像源，如果没有匹配的，就选择 < img > 元素的 src 属性中的 url。注意：< img > 元素是放在
最后一个 < picture > 元素之后，如果浏览器不支持该属性，则显示 < img > 元素的图片。

```
< picture >
    < source srcset = "img / flower1.webp" media = "(max – width:800 px)">
    < img src = "img / flower2.webp" alt = "大图">
</picture >
```

　　⑧使用 . figure 和 . figcaption 实现图文组合显示。
　　如果需要显示的内容区包括一个图片和一个可选的标题，可使用 . figure 样式定义。
　　Bootstrap 的 . figure 及 . figure – caption 类为 HTML5 的 < figure > 及 < figcaption > 元素提供
了一个基准样式处理。默念认的图片系统不会定义明确的大小，因此必须将该 . img – fluid
类添加到 < img > 标签中才能实现与响应式的完美结合。

```
< figure class = "figure">
  < img src = "img / flower2.webp" class = "figure – img" alt = "图文组合">
  < figcaption class = "figure – caption text – right">这是一张图片 </figcaption >
</figure >
```

　　任务总结

　　在本任务中，主要学习了内联代码、代码块、圆角图片、椭圆图片及响应式图片，在网
页的设计中要根据需要灵活使用。

任务 4.3 使用 Bootstrap 表格

任务描述

表格在网页中是经常出现的元素，本任务学习 Bootstrap 中表格的样式。

任务实施

①表 4 – 1 所示样式可用于表格中。

表 4 – 1 Bootstrap 表格相关类

类	描述
. table	为任意 < table > 添加基本样式（只有横向分隔线）
. table – striped	添加斑马线形式的条纹
. table – bordered	为所有表格的单元格添加边框
. table – hover	任一行启用鼠标悬停状态
. table – sm	让表格更加紧凑
联合使用所有表格类	

- 为任意 < table > 标签添加 . table 类可以为其赋予基本的样式——少量的内补（padding）和水平方向的分隔线。
- 带边框的表格。

添加 . table – bordered 类，为表格和其中的每个单元格增加边框。

- 鼠标悬停。

通过添加 . table – hover 类，可以让 < tbody > 中的每一行对鼠标悬停状态做出响应。

- 紧缩表格。

通过添加 . table – sm 类，将单元格填充减半来使表格更紧凑。

②以下类可用于表格的行或者单元格，应用在 tr、th、td，这些类用不同的底色表示不同的主题和状态。

```
<!-- on rows -->
<tr class = "table – active">...</tr>
<tr class = "table – primary">...</tr>
<tr class = "table – secondary">...</tr>
```

```
<tr class = "table - success">...</tr>
<tr class = "table - danger">...</tr>
<tr class = "table - warning">...</tr>
<tr class = "table - info">...</tr>
<tr class = "table - light">...</tr>
<tr class = "table - dark">...</tr>
<!--on cells (td or th) -->
<tr>
  <td class = "table - active">...</td>
  <td class = "table - primary">...</td>
  <td class = "table - secondary">...</td>
  <td class = "table - success">...</td>
  <td class = "table - danger">...</td>
  <td class = "table - warning">...</td>
  <td class = "table - info">...</td>
  <td class = "table - light">...</td>
  <td class = "table - dark">...</td>
</tr>
```

. success：标识成功或积极的动作。

. info：标识普通的提示信息或动作。

. warning：标识警告或需要用户注意。

. danger：标识危险或潜在的带来负面影响的动作。

常规表格背景不适用于深色表格，可以使用文本或背景实用程序来实现类似的样式。

示例 1：在页面制作如图 4 - 17 所示表格。

课程名称	课程等级	课程学时
HTML	初级	32
CSS	初级	32
javascript	初级	32
juery	初级	32
HTML5	中级	32
CSS3	中级	32
bootstrap	中级	32

图 4 - 17　Bootstrap 课程简介表

代码如下：

```
<body>
<table class = "table table - bordered table - hover table - condensed">
```

```
<tr class = "info">
<td>课程名称</td>
<td>课程等级</td>
<td>课程学时</td>
</tr>
<tr>
<td>HTML</td>
<td>初级</td>
<td>32</td>
</tr>
<tr class = "success">
<td>CSS</td>
<td>初级</td>
<td>32</td>
</tr>
<tr>
<td>javascript</td>
<td>初级</td>
<td>32</td>
</tr>
<tr>
<td>juery</td>
<td>初级</td>
<td>32</td>
</tr>
<tr class = "warning">
<td>HTML5</td>
<td>中级</td>
<td>32</td>
</tr>
<tr>
<td>CSS3</td>
<td>中级</td>
<td>32</td>
</tr>
<tr class = "danger">
<td>bootstrap</td>
<td>中级</td>
<td>32</td>
</tr>
</table>
</body>
```

示例 2：完成图 4 – 18 所示效果，每一行对鼠标悬停状态做出响应。

上下文表格布局

产品	付款日期	状态
产品1	23/11/2013	待发货
产品2	10/11/2013	发货中
产品3	20/10/2013	待确认
产品4	20/10/2013	已退货

图 4 –18   Bootstrap 产品信息表

代码如下：

```html
<table class = "table table - hover">
    <caption >上下文表格布局</caption>
    <thead>
        <tr>
            <th>产品</th>
            <th>付款日期</th>
            <th>状态</th>
        </tr>
    </thead>
    <tbody>
        <tr class = "active">
            <td>产品1</td>
            <td>23/11/2013</td>
            <td>待发货</td>
        </tr>
        <tr class = "success">
            <td>产品2</td>
            <td>10/11/2013</td>
            <td>发货中</td>
        </tr>
        <tr class = "warning">
            <td>产品3</td>
            <td>20/10/2013</td>
            <td>待确认</td>
        </tr>
        <tr class = "danger">
            <td>产品4</td>
            <td>20/10/2013</td>
            <td>已退货</td>
        </tr>
    </tbody>
</table>
</body>
</html>
```

③Bootstrap 提供了一个容器，只要为容器设置类名 ". table – responsive"，此容器就具有响应式效果。然后将 < table class = " table" > 置于这个容器当中，这样表格也就具有响应式效果了。或者将该类直接应用在 table 标签上，表格在溢出时出现滚动条，将表格单元格中的内容增加，查看效果。并且针对不同屏幕，有 . table – responsive – sm、table – responsive – md、. table – responsive – lg、. table – responsive – xl 样式。

```
< div class = "table – responsive">
  < table class = "table">
   ...
  </ table >
</ div >
```

表格的相关样式总结如图 4 – 19 所示，读者可以操作尝试。

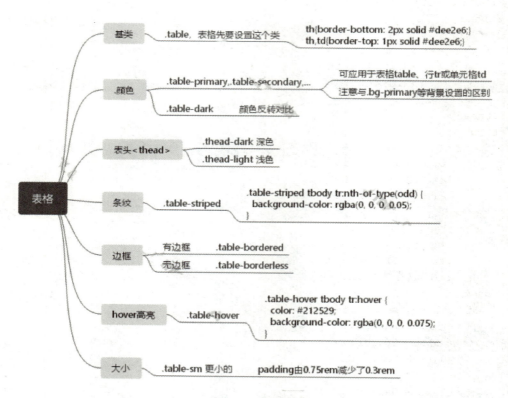

图 4 – 19　表格的相关样式

 任务总结

本任务学习了 Bootstrap 中常用的元素——表格。通过本任务的学习，能够设计带边框、鼠标悬停效果的表格，并且能够根据不同应用场景需求设置不同背景色的表格，根据响应式要求设置响应式表格。

任务 4.4　使用 Bootstrap 按钮

任务描述

Bootstrap 按钮可以应用于表单、对话框等场景，本任务完成各种大小、各种状态的按钮设置。

任务实施

4.4.1　按钮样式

使用 Bootstrap 的按钮样式，并用于表单、对话框等场景中，支持多种大小、状态等。Bootstrap4 提供了不同样式的按钮，如图 4 – 20 所示。

```
<div class = "container">
    <h2 >bootstrap4 的 10 种按钮样式 </h2 >
    <button type = "button" class = "btn">基本按钮 </button >
    <button type = "button" class = "btn btn – primary">主要按钮 </button >
    <button type = "button" class = "btn btn – secondary">次要按钮 </button >
    <button type = "button" class = "btn btn – success">成功 </button >
    <button type = "button" class = "btn btn – info">信息 </button >
    <button type = "button" class = "btn btn – warning">警告 </button >
    <button type = "button" class = "btn btn – danger">危险 </button >
    <button type = "button" class = "btn btn – dark">黑色 </button >
    <button type = "button" class = "btn btn – light">浅色 </button >
    <button type = "button" class = "btn btn – link">链接 </button >
</div >
```

bootstrap4的10种按钮样式

基本按钮　主要按钮　次要按钮　成功　信息　警告　危险　黑色　浅色　链接

图 4 – 20　按钮样式

4.4.2　按钮类应用元素

.btn 可以在 <button >元素上使用，也可以在 <a >、<input >元素上使用，同样能带来按钮效果（在少数浏览器中会有不同的渲染变异），如图 4 –21 所示。

按钮标签（元素）

链接按钮　按钮　一般按钮　提交按钮

图 4 –21　　<a >和 <input >元素上使用按钮类

当在 < a > 上使用按钮元素，用于触发页内功能的元素（如折叠内容）上使用按钮类，而不是链接到当前页面中的新页面或部分时，应该给这些链接 role = "button" 适当地传达其辅助技术的目的，从而友好地支持屏幕阅读器。

```
< div class = "container">
    < h2 >按钮标签(元素) </h2 >
    < a href = "#" class = "btn btn – info" role = "button">链接按钮 </a >
    < button type = "button" class = "btn btn – info">按钮 </button >
    < input type = "button" class = "btn btn – info" value = "一般按钮">
    < input type = "submit" class = "btn btn – info" value = "提交按钮">
</div >
```

4.4.3 轮廓按钮

如果需要一个按钮，但不是填满背景颜色的按钮，这就是轮廓（外框）按钮，用 . btn – outline – * 类，以移除按钮上的所有背景色及背景图，如图 4 – 22 所示。

```
< div class = "container">
    < h2 >按钮设置边框 </h2 >
    < button type = "button" class = "btn btn – outline – primary">主要按钮 </button >
    < button type = "button" class = "btn btn – outline – secondary">次要按钮 </button >
    < button type = "button" class = "btn btn – outline – success">成功 </button >
    < button type = "button" class = "btn btn – outline – info">信息 </button >
    < button type = "button" class = "btn btn – outline – warning">警告 </button >
    < button type = "button" class = "btn btn – outline – danger">危险 </button >
    < button type = "button" class = "btn btn – outline – dark">黑色 </button >
    < button type = "button" class = "btn btn – outline – lighttext – dark">浅色 </button >
</div >
```

图 4 – 22　轮廓按钮

4.4.4 不同大小的按钮

配合 . btn – lg、. btn – sm 两个邻近元素，可分别实现大规格按钮、小规格按钮的定义，如图 4 – 23 所示。

图 4 – 23　不同大小的按钮

```
<div class = "container">
<h2 >不同大小的按钮 </h2 >
<button type = "button" class = "btn btn - primary btn - lg">大号按钮 </button >
<button type = "button" class = "btn btn - primary">默认按钮 </button >
<button type = "button" class = "btn btn - primary btn - sm">小号按钮 </button >
</div >
```

4.4.5　块级按钮

通过添加 . btn - block 类可以设置块级按钮，等同于外元素的宽，如图 4 - 24 所示。

```
<div class = "container">
<h2 >块级按钮 </h2 >
<button type = "button" class = "btn btn - primary  btn - block">按钮 1 </button >
<button type = "button" class = "btn btn - default  btn - block">按钮 2 </button >
<h2 >大的块级按钮 </h2 >
<button type = "button" class = "btn btn - primary  btn - lg  btn - block">按钮 1 </button >
<button type = "button" class = "btn btn - default  btn - lg  btn - block">按钮 2 </button >
<h2 >小的块级按钮 </h2 >
<button type = "button" class = "btn btn - primary  btn - sm  btn - block">按钮 1 </button >
<button type = "button" class = "btn btn - default  btn - sm  btn - block">按钮 2 </button >
</div >
```

图 4 - 24　块级按钮

4.4.6　激活和禁用的按钮

按钮可设置为激活或者禁止点击的状态。. active 类可以设置按钮是可用的，disabled 属性可以设置按钮是不可点击的（点击不会有响应和弹性），如图 4 - 25 所示。注意，< a > 元素不支持 disabled 属性，可以通过添加 . disabled 类来禁止链接的点击。

. btn 样式定义的按钮，默认就是启用状态（背景较深、边框较暗、带内阴影），如果一定要使按钮固定为启用状态，不需要点击反馈，可以增加 . active 样式，并包括 aria - pressed = "true"属性，则状态显示为启用状态。

按钮状态

主要按钮　　点击后的按钮　　禁止点击的按钮　　禁止点击的链接

图 4 – 25　激活和禁用的按钮

```
< div class = "container">
< h2 > 按钮状态 </h2 >
< button type = "button" class = "btn btn – primary"> 主要按钮 </button >
< button type = "button" class = "btn btn – primary active"> 点击后的按钮 </button >
< button type = "button" class = "btn btn – primary" disabled > 禁止点击的按钮 </but-
ton >
< a href = "#"class = "btn btn – primary disabled"> 禁止点击的链接 </a >
</div >
```

任务总结

通过本任务，学习了 Bootstrap 的常用元素按钮，可以根据网页需要设置不同大小的按钮、根据应用场景设置不同样式背景的按钮以及轮廓按钮，同时，根据实际需求设置按钮的激活或者禁止状态。

项目评价表

序号	学习目标	学生自评
1	了解 Bootstrap 的排版	□能够熟练使用标题、文本、列表等 Bootstrap 排版元素 □需要参考教材内容才能实现 □遇到问题不知道如何解决
2	能够灵活使用 Bootstrap 的图片设置	□能够熟练操作和使用 □需要参考相关帮助文档才能实现 □无法独立完成程序的设计
3	能够灵活使用 Bootstrap 表格和按钮元素的样式	□能够熟练操作和使用 □需要参考相关帮助文档才能实现 □无法独立完成程序的设计

评价得分			
学生自评得分 （20%）	学习成果得分 （60%）	学习过程得分 （20%）	项目综合得分

项目小结

本项目主要完成了各级标题的设置，文本对齐、变换、样式、权重和颜色的设置，图片的相关设置和图片的响应式行为，以及 Bootstrap 中表格的样式，Bootstrap 按钮的样式、大小、状态设置。Bootstrap 支持有序列表、无序列表和定义列表。

项目 5

Bootstrap公共样式

任务 5.1　设置元素边框和颜色

任务描述

　　边框适用于图像、按钮或任何其他元素，颜色一般应用文本颜色、背景颜色，本次任务使用边框通用定义类、颜色定义类来快速设置元素的边框、颜色。

任务实施

5.1.1　设置边框

1. 基本边框

添加边框属性，显示指定边框，如图5-1所示。

```
<style>
    span{
        display:inline-block;
        width:75px;
        height:75px;
        margin:5px;
        border:1px solid;
        background:#F5F5F5;
    }
</style>
<body>
    <span></span>
    <hr>
    <!--添加边框属性,显示指定边框。-->
    <span class="border"></span>
    <span class="border-top"></span>
```

```
< span class = "border - right" > </span >
< span class = "border - bottom" > </span >
< span class = "border - left" > </span >
< hr >
```

图 5 – 1　显示指定边框

在一个空间上定义边框——删除或显示特定边框定义方法，如图 5 – 2 所示。

```
< span class = "border" > </span >
< span class = "border - 0" > </span >
< span class = "border - top - 0" > </span >
< span class = "border - right - 0" > </span >
< span class = "border - bottom - 0" > </span >
< span class = "border - left - 0" > </span >
< hr >
```

图 5 – 2　删除或显示特定边框

2. 边框颜色

使用主题颜色类方法定义边框颜色，如图 5 – 3 所示。

```
< span class = "border border - primary" > </span >
< span class = "border border - secondary" > </span >
< span class = "border border - success" > </span >
< span class = "border border - danger" > </span >
< span class = "border border - warning" > </span >
< span class = "border border - info" > </span >
< span class = "border border - light" > </span >
< span class = "border border - dark" > </span >
< span class = "border border - white" > </span >
< hr >
```

图 5 – 3　边框颜色

3. 圆角边框

使用 . rounded 元素可以轻松定义四个圆角的弧度及显示效果，如图 5 - 4 所示。

```
< style >
     img{width:75px;height:75px;margin:5px;}
</ style >
< img src = "images/sm. jpg">
< img src = "images/sm. jpg"  class = "rounded">
< img src = "images/sm. jpg"  class = "rounded - top">
< img src = "images/sm. jpg"  class = "rounded - right">
< img src = "images/sm. jpg"  class = "rounded - bottom">
< img src = "images/sm. jpg"  class = "rounded - left">
< img src = "images/sm. jpg"  class = "rounded - circle">
< img src = "images/sm. jpg"  class = "rounded - pill" style = "width:140px;">
< img src = "images/sm. jpg"  class = "rounded - 0" style = "border - radius:5px;">
```

图 5 - 4　圆角边框

5.1.2　设置颜色

1. 文本颜色

Bootstrap 提供了一些用于强调文本的类，通过颜色来展示意图，不同的类展示了不同的文本颜色。如果文本是个链接，则鼠标移动到文本上时，文本会变暗示。还可以使用 text - * - 50 进行降色。

. text - primary：主要，使用蓝色。

. text - success：成功，使用浅绿色。

. text - info：通知信息，使用浅蓝色。

. text - warning：警告，使用黄色。

. text - danger：危险，使用褐色。

. text - muted：柔和的文本，使用浅灰色。

. text - light：浅灰色文本（白色背景上看不清楚）。

. text - dark：深灰色文字。

. text - white：白色文本（白色背景上看不清楚）。

下面是一个使用情景文本颜色的代码示例如下：

```
< div class = "text - primary">.text - primary 效果 </div >
< div class = "text - secondary">.text - secondary 效果 </div >
< div class = "text - success">.text - success 效果 </div >
< div class = "text - info">.text - info 效果 </div >
```

```
<div class = "text-warning">.text-warning 效果</div>
<div class = "text-danger">.text-danger 效果</div>
<div class = "text-dark">.text-dark 效果</div>
<div class = "text-light">.text-light 效果</div>
<div class = "text-muted">.text-muted 效果</div>
<div class = "text-white bg-dark">.text-white 效果</div>
```

效果如图 5-5 所示。

上面所提供的悬停和焦点状态（情景）样式在链接上也能正常使用（呈现）。注意：.text-white、.text-muted 这两个 class 样式不支持在链接上使用（没有链接样式）。

.text-primary效果
.text-secondary效果
.text-success效果
.text-info效果
.text-warning效果
.text-danger效果
.text-dark效果

.text-muted效果
.text-white效果

图 5-5　文本颜色

2. 背景颜色

以下不同的类展示了不同的背景颜色：.bg-primary，.bg-success，.bg-info，.bg-warning，.bg-danger，.bg-secondary，.bg-dark 和 .bg-light，也可以使用 .bg-transparent 设置透明度。背景颜色不会设置文本的颜色，在一些示例中需要与 .text-* 类一起使用。

```
<p class = "bg-primary text-white">重要的背景颜色。</p>
<p class = "bg-success text-white">执行成功背景颜色。</p>
<p class = "bg-info text-white">信息提示背景颜色。</p>
<p class = "bg-warning text-white">警告背景颜色</p>
<p class = "bg-danger text-white">危险背景颜色。</p>
<p class = "bg-secondary text-white">副标题背景颜色。</p>
<p class = "bg-dark text-white">深灰背景颜色。</p>
<p class = "bg-light text-dark">浅灰背景颜色。</p>
```

效果如图 5-6 所示。

图 5-6　背景颜色

3. 其他用场景表示颜色的情况

例如表格、边框，分别使用 table-颜色、border-颜色等，如图 5-7 所示，具体内容已在前面其他项目进行了介绍。

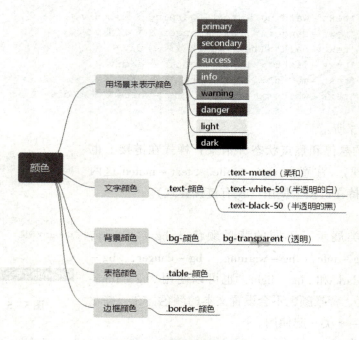

图 5 - 7　用场景表示颜色

 **任务总结**

通过本任务的学习，了解了可以根据需求为元素设置上、下、左、右的边框，而且边框可以设置为圆角，还可以为边框设置颜色。Bootstrap 通过文本颜色、背景颜色来展示不同的使用情景。

任务5.2　元素设置浮动、显示和隐藏效果

任务描述

能根据需求完成 Bootstrap 元素浮动和响应式浮动的设置、显示和隐藏效果设置。

任务实施

5.2.1　设置浮动和清除浮动

1. 浮动类

. float - left 类设置元素左浮动。

. float - right 类设置元素右浮动。

. float – none 不设置浮动。

. clearfix 清除浮动。

通过添加 . clearfix，快速、轻松地清除容器内浮动的内容，使元素换行呈现。可以尝试下面的代码：

```
< div class = "border border – danger clearfix">
    < div class = "float – left" style = "background:#58D3F7">
        左边
    </div>
    < div class = "float – right" style = "background:#DA81F5">
        右边
    </div>
</div>
< div >aaa </div >
```

运行结果如图 5 – 8 所示。

图 5 – 8　clearfix 清除浮动

2. 响应式浮动

. float – [breakpoint] – [left | right | none]，breakpoint 为 sm、md、lg 或 xl。

```
< div class = "float – sm – right">在大于小屏幕尺寸上右浮动 </div > < br >
< div class = "float – md – right">在大于中等屏幕尺寸上右浮动 </div > < br >
< div class = "float – lg – right">在大于大屏幕尺寸上右浮动 </div > < br >
< div class = "float – xl – right">在大于超大屏幕尺寸上右浮动 </div > < br >
< div class = "float – none">没有浮动 </div >
```

5.2.2　应用显示和隐藏

display 类格式：

```
.d – {sm/md/lg/xl} – {value}
```

display 常用属性（value）：none、inline、inline – block、block、table、table – cell、table – row、flex、inline – flex，见表 5 – 1。

要隐藏元素，只需使用 . d – none 类或其中一个 . d – {sm,md,lg,xl} – none 类进行任何响应式屏幕变化。

要在给定的屏幕尺寸间隔上显示元素，可以将一个 . d – * – none 类与一个 . d – * – * 类组合在一起。

表 5 – 1　显示属性

引用样式	屏幕规格
. d – none	所有屏幕下隐藏
. d – none. d – sm – block	只在 xs 屏幕上隐藏（即仅在手机屏幕上隐藏，其他规格屏幕正常显示）
. d – sm – none. d – md – block	只在 sm 屏幕上隐藏（其他屏幕规格均显示）
. d – md – none. d – lg – block	只在 md 屏幕上隐藏（其他屏幕规格均显示）
. d – lg – none. d – xl – block	只在 lg 屏幕上隐藏（其他屏幕规格均显示）
. d – xl – none	只在 xl 屏幕上隐藏（其他屏幕规格均显示）
. d – block	全部可见
. d – block. d – sm – none	仅在 xs 屏幕上可见
. d – none. d – sm – block. d – md – none	仅在 sm 屏幕上可见
. d – none. d – md – block. d – lg – none	仅在 md 屏幕上可见
. d – none. d – lg – block. d – xl – none	仅在 lg 屏幕上可见
. d – none. d – xl – block	仅在 xl 屏幕上可见

 任务总结

　　通过本任务，应该学会使用浮动类以及 float – [breakpoint] – [left | right | none] 设置元素的左、右浮动和响应式浮动，通过 d – { sm/md/lg/xl } – { value } 设置元素响应式的显示和隐藏。

 设置元素宽度、高度和间隔

 **任务描述**

　　使用 Bootstrap 中的宽、高类完成元素宽、高设置，间隔类完成元素之间间距的设置。

任务实施

5.3.1　设置宽度、高度

1. 宽度

　　元素上使用 w – * 类(. w – 25、. w – 50、. w – 75、. w – 100、. mw – 100) 来设置宽度，* 可

以是 25%、50%、75%、100% 这些值。

示例如下，效果如图 5-9 所示。

```
<p class = "bg - danger w -25">Width25%</p>
<p class = "bg - danger w -50">Width50%</p>
<p class = "bg - danger w -75">Width75%</p>
<p class = "bg - danger w -100">Width100%</p>
```

图 5-9   设置不同宽度

2. 高度

元素上使用 h-* 类(.h-25、.h-50、.h-75、.h-100、.mh-100)来设置高度。

示例如下，效果如图 5-10 所示。

```
<div class = "border border - danger" style = "height:100px;">
    <div class = "d - inline - block bg - primary h-25">Height25%</div>
    <div class = "d - inline - block bg - primary h-50">Height50%</div>
    <div class = "d - inline - block bg - primary h-75">Height75%</div>
    <div class = "d - inline - block bg - primary h-100">Height100%</div>
</div>
```

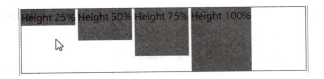

图 5-10   设置不同高度

也可使用 .mw-100、.mh-100 产生 max-width:100%; 和 max-height:100%; 这些通用样式定义，示例如下。

```
<div class = "bg - danger" style = "width:200px;height:200px;">
    <div class = "bg - primary mw-100 mh-100" style = "width:300px;height:300px;">
</div>
    </div>
```

5.3.2 设置间隔

影响元素之间的间距可以通过 style 的 margin 或 padding 属性来实现，但这两个属性本意并不相同；margin 影响的是本元素与相邻外界元素之间的距离，这里简称外边距；padding 影响的元素本身与其内部子元素之间的距离，简称为内填充。

Bootstrap4 提供了简写的 class 名，名称分别以 m – 开头和 p – 开头的类，分别代表 margin 和 padding 的值。

间隔样式适用于所有屏幕尺寸，从超小屏幕超大屏幕。对于 xs 屏幕，使用固定格式｛property｝｛sides｝–｛size｝命名 CSS 方法；对于 sm、md、lg、xl，使用｛property｝｛sides｝–｛breakpoint｝–｛size｝格式命名 CSS 方法。

（1）边缘设定

t – 这个 class 属性会设定 margin – top 或 padding – top。

b – 这个 class 属性会设定 margin – bottom 或 padding – bottom。

l – 这个 class 属性会设定 margin – left 或 padding – left。

r – 这个 class 属性会设定 margin – right 或 padding – right。

x – 这个 lass 属性会设定 * – left 和 * – right 两个值。

y – 这个 class 属性会设定 * – top 和 * – bottom 两个值。

空白 – 这个 class 属性会设定 margin 或 padding 元素的四个边。

（2）尺寸规格定义

0 – 这个 class 属性会设定 margin 或 padding 的样式值为 0。

1 –（默认时）这个 class 属性会设定 margin 或 padding 以 $spacer * . 25 规格呈现。

2 –（默认时）这个 class 属性会设定 margin 或 padding 以 $spacer * . 5 规格呈现。

3 –（默认时）这个 class 属性会设定 margin 或 padding 以 $spacer 规格呈现。

4 –（默认时）这个 class 属性会设定 margin 或 padding 以 $spacer * 1. 5 规格呈现。

5 –（默认时）这个 class 属性会设定 margin 或 padding 以 $spacer * 3 规格呈现。

auto – 这个 class 属性会设定 margin 值 auto（按浏览器默认值自由展现）。

1. 影响距离大小的值有 0、1、2、3、4、5、auto（表 5 – 2、表 5 – 3）

表 5 – 2　margin 值

class 名	等价的 style
m – 0	等价于｛margin：0！important｝
m – 1	等价于｛margin：0. 25rem！important｝
m – 2	等价于｛margin：0. 5rem！important｝
m – 3	等价于｛margin：1rem！important｝
m – 4	等价于｛margin：1. 5rem！important｝
m – 5	等价于｛margin：3rem！important｝
m – auto	等价于｛margin：auto！important｝

表 5 – 3　padding 值

class 名	等价的 style
p – 0	等价于 {padding:0! important}
p – 1	等价于 {padding:0. 25rem! important}
p – 2	等价于 {padding:0. 5rem! important}
p – 3	等价于 {padding:1rem! important}
p – 4	等价于 {padding:1. 5rem! important}
p – 5	等价于 {padding:3rem! important}
p – auto	等价于 {padding:auto! important}

2. 调整某一侧的边距

t、b、l、r、x、y 含义分别是 top、bottom、left、right、left 和 right、top 和 bottom。

（1）margin 例子（表 5 – 4）

距离大小可以是 0 ~ 5 与 auto，这里只用其中一个值来说明含义。可以使用 . ml – auto 实现右对齐，使用 . mr – auto 实现左对齐，使用 . mx – auto 实现居中对齐。

表 5 – 4　margin 调整某一侧的边距

class 名	等价的 style
mt – 2	{margin – top:0. 5rem! important}
mb – 2	{margin – bottom:0. 5rem! important}
ml – 2	{margin – left:0. 5rem! important}
mr – 2	{margin – right:0. 5rem! important}
mx – 2	{margin – right:0. 5rem! important;margin – left:0. 5rem! important}
my – 2	{margin – top:0. 5rem! important;margin – bottom:0. 5rem! important}

（2）padding 例子（表 5 – 5）

表 5 – 5　padding 调整某一侧的填充

class 名	等价的 style
pt – 2	{padding – top:0. 5rem! important}
pb – 2	{padding – bottom:0. 5rem! important}
pl – 2	{padding – left:0. 5rem! important}
pr – 2	{padding – right:0. 5rem! important}

续表

class 名	等价的 style
px – 2	{padding – right:0.5rem! important;margin – left:0.5rem! important}
py – 2	{padding – top:0.5rem! important;margin – bottom:0.5rem! important}

3. 水平居中

```
<div class = "mx – auto" style = "width:200 px;">
内容居中
</div>
```

 任务总结

通过本任务，学会了在元素上使用 w – * 类、h – * 类设置元素的宽度和高度。元素之间的间距可以通过以 m – 开头和 p – 开头的类进行设置。

 **任务 5.4** 应用 flex 弹性布局

 任务描述

Bootstrap4 通过 flex 类来控制页面的布局。Bootstrap3 与 Bootstrap4 最大的区别就是 Bootstrap4 使用弹性盒子来布局，而不是使用浮动来布局。弹性盒子是 CSS3 的一种新的布局模式，更适合响应式的设计。下面的任务就是使用 Bootstrap 提供的 flex 布局的样式功能完成页面的布局。

任务实施

5.4.1 启用弹性行为

使用 .d – flex 和 .d – inline – flex 实现开启 flex 布局样式，尝试示例1，效果如图5 – 11 所示。

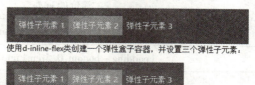

使用 d-flex 类创建一个弹性盒子容器，并设置三个弹性子元素：

弹性子元素 1　弹性子元素 2　弹性子元素 3

使用 d-inline-flex 类创建一个弹性盒子容器，并设置三个弹性子元素：

弹性子元素 1　弹性子元素 2　弹性子元素 3

图 5 – 11　.d – flex 和 .d – inline – flex 开启 flex 布局样式

示例 1：

```
<p>使用 d-flex 类创建一个弹性盒子容器,并设置三个弹性子元素:</p>
<div class="d-flex p-3 bg-secondary text-white">
    <div class="p-2 bg-info">弹性子元素 1</div>
    <div class="p-2 bg-warning">弹性子元素 2</div>
    <div class="p-2 bg-primary">弹性子元素 3</div>
</div>
<p>使用 d-inline-flex 类创建一个弹性盒子容器,并设置三个弹性子元素:</p>
<div class="d-inline-flex p-3 bg-secondary text-white">
    <div class="p-2 bg-info">弹性子元素 1</div>
    <div class="p-2 bg-warning">弹性子元素 2</div>
    <div class="p-2 bg-primary">弹性子元素 3</div>
</div>
```

.d-flex 和 .d-inline-flex 也支持响应式的媒体查询：.d-*-flex、.d-*-inline-flex。

```
.d-flex
.d-inline-flex
.d-sm-flex
.d-sm-inline-flex
.d-md-flex
.d-md-inline-flex
.d-lg-flex
.d-lg-inline-flex
.d-xl-flex
.d-xl-inline-flex
```

5.4.2　方向

.flex-row 可以呈现子元素水平方向的位置，默认居左并从左到右显示（1，2，3）；.flex-row-reverse 让子元素水平方向的位置居右并从左到右显示（3，2，1），示例 2 进行演示，效果如图 5-12 所示。

水平方向

使用 .flex-row 类设置弹性子元素水平显示,起点在左:

| 弹性子元素 1 | 弹性子元素 2 | 弹性子元素 3 |

.flex-row-reverse 设置类设置弹性子元素水平显示,起点在右:

| 弹性子元素 3 | 弹性子元素 2 | 弹性子元素 1 |

图 5-12　.flex-row 和 .flex-row-reverse 设置子元素水平方向

示例 2：

```
<h2 >水平方向 </h2 >
<p >使用 .flex – row 类设置弹性子元素水平显示,起点在左:</p >
< div class = "d – flex flex – row bg – secondary mb – 3 ">
      < div class = "p – 2 bg – info">弹性子元素 1 </div >
      < div class = "p – 2 bg – warning">弹性子元素 2 </div >
      < div class = "p – 2 bg – primary">弹性子元素 3 </div >
</div >
<p >.flex – row – reverse 设置类设置弹性子元素水平显示,起点在右:</p >
< div class = "d – flex flex – row – reverse bg – secondary">
      < div class = "p – 2 bg – info">弹性子元素 1 </div >
      < div class = "p – 2 bg – warning">弹性子元素 2 </div >
      < div class = "p – 2 bg – primary">弹性子元素 3 </div >
</div >
```

这一对样式也支持响应式的媒体查询：.flex – * – row。

```
.flex – row
.flex – row – reverse
.flex – sm – row
.flex – sm – row – reverse
.flex – md – row
.flex – md – row – reverse
.flex – lg – row
.flex – lg – row – reverse
.flex – xl – row
.flex – xl – row – reverse
```

.flex – column 实现子元素垂直效果，并从上往下显示（1，2，3）；.flex – column – reverse 实现子元素垂直效果，并从下往上显示（3，2，1），示例 3 进行演示，效果如图 5 – 13 所示。

垂直方向

.flex-column 类用于设置弹性子元素垂直方向显示，起点在上沿:

.flex-column-reverse 类用于设置弹性子元素垂直方向显示，起点在下沿:

图 5 –13 **.flex – column** 和 **.flex – column – reverse** 设置子元素垂直方向

示例 3：

```
<h2>垂直方向</h2>
<p>.flex-column 类用于设置弹性子元素垂直方向显示,起点在上沿:</p>
<div class="d-flex flex-column mb-3">
    <div class="p-2 bg-info">弹性子元素1</div>
    <div class="p-2 bg-warning">弹性子元素2</div>
    <div class="p-2 bg-primary">弹性子元素3</div>
</div>
<p>.flex-column-reverse 类用于设置弹性子元素垂直方向显示,起点在下沿:</p>
<div class="d-flex flex-column-reverse">
    <div class="p-2 bg-info">弹性子元素1</div>
    <div class="p-2 bg-warning">弹性子元素2</div>
    <div class="p-2 bg-primary">弹性子元素3</div>
</div>
```

这一对样式也支持响应式的媒体查询：.flex-*-column。

```
.flex-column
.flex-column-reverse
.flex-sm-column
.flex-sm-column-reverse
.flex-md-column
.flex-md-column-reverse
.flex-lg-column
.flex-lg-column-reverse
.flex-xl-column
.flex-xl-column-reverse
```

5.4.3　内容对齐与内容排列

1. justify-content-*样式

使用 justify-content-* 样式可以实现 flex 项目在主轴上的对齐（默认是 x 轴，如果是 flex-direction：column，则为 y 轴），* 的值包括 start（浏览器默认值）、end、center、between、around。示例 4 进行演示，效果如图 5-14 所示。

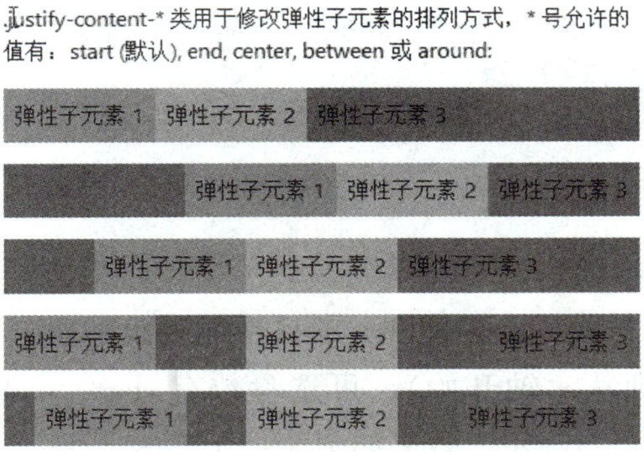

图 5-14　.justify-content-*设置子元素在主轴上的对齐方式

示例 4：

```
<h2>容器中子元素的主轴(默认水平轴)对齐方式</h2>
<p>.justify-content-*类用于修改弹性子元素的排列方式,*号允许的值有:start(默认),
end,center,between 或 around:</p>
<div class="d-flex justify-content-start bg-secondary mb-3">
    <div class="p-2 bg-info">弹性子元素1</div>
    <div class="p-2 bg-warning">弹性子元素2</div>
    <div class="p-2 bg-primary">弹性子元素3</div>
</div>
<div class="d-flex justify-content-end bg-secondary mb-3">
    <div class="p-2 bg-info">弹性子元素1</div>
    <div class="p-2 bg-warning">弹性子元素2</div>
    <div class="p-2 bg-primary">弹性子元素3</div>
</div>
<div class="d-flex justify-content-center bg-secondary mb-3">
    <div class="p-2 bg-info">弹性子元素1</div>
    <div class="p-2 bg-warning">弹性子元素2</div>
    <div class="p-2 bg-primary">弹性子元素3</div>
</div>
<div class="d-flex justify-content-between bg-secondary mb-3">
    <div class="p-2 bg-info">弹性子元素1</div>
    <div class="p-2 bg-warning">弹性子元素2</div>
    <div class="p-2 bg-primary">弹性子元素3</div>
</div>
<div class="d-flex justify-content-aroundbg-secondary mb-3">
    <div class="p-2 bg-info">弹性子元素1</div>
    <div class="p-2 bg-warning">弹性子元素2</div>
    <div class="p-2 bg-primary">弹性子元素3</div>
</div>
```

这五个内容对齐样式也支持媒体查询 justify-content-*-start。

justify-content-*样式经常用在栅格布局中，当栅格不足 100%，即没有占满 12 栅格时，可以使用 justify-content-*实现水平对齐方式，用在行中。

```
<div class="container">
  <div class="row justify-content-center">
    <div class="col-sm-3">第一列</div>
    <div class="col-sm-3">第二列</div>
    <div class="col-sm-3">第三列</div>
  </div>
</div>
```

2．align-items-*样式

使用 align-items-*样式可以实现 flex 项目在侧轴上的对齐（默认是 y 轴，如果选择 flex-direction：column，则从 x 轴开始），可选参数有 start、end、center、baseline、stretch（浏览器默认值）。示例 5 进行演示，效果如图 5-15 所示。

图 5 – 15　. align – items – ∗ 设置子元素在侧轴上的对齐方式

示例 5：

```
< div class = "d - flex align - items - start bg - light" style = "height:60px">
     < div class = "p - 2 border"> 弹性子元素 1 </div>
     < div class = "p - 2 border"> 弹性子元素 2 </div>
     < div class = "p - 2 border"> 弹性子元素 3 </div>
</div>
< br >
< div class = "d - flex align - items - end bg - light" style = "height:60px">
     < div class = "p - 2 border"> 弹性子元素 1 </div>
     < div class = "p - 2 border"> 弹性子元素 2 </div>
     < div class = "p - 2 border"> 弹性子元素 3 </div>
</div>
< br >
< div class = "d - flex align - items - center bg - light" style = "height:60px">
     < div class = "p - 2 border"> 弹性子元素 1 </div>
     < div class = "p - 2 border"> 弹性子元素 2 </div>
     < div class = "p - 2 border"> 弹性子元素 3 </div>
</div>
< br >
< div class = "d - flex align - items - baseline bg - light" style = "height:60px">
     < div class = "p - 2 border"> 弹性子元素 1 </div>
     < div class = "p - 2 border"> 弹性子元素 2 </div>
     < div class = "p - 2 border"> 弹性子元素 3 </div>
</div>
< br >
< div class = "d - flex align - items - stretch bg - light" style = "height:60px">
     < div class = "p - 2 border"> 弹性子元素 1 </div>
     < div class = "p - 2 border"> 弹性子元素 2 </div>
     < div class = "p - 2 border"> 弹性子元素 3 </div>
</div>
```

这五个项目对齐样式也支持媒体查询 align – items – * – start。

align – items – * 经常用于栅行的行对齐中，以下代码可以设置行高效果。

```
<style type="text/css">
    .row{
        border:dashed1pxred;
        margin:10px;
        height:80px;
    }

    .col-sm{
        border:solid 1pxblue;
        background:#EFEFEF;
        height:30px;
    }
</style>
<div class="container">
    <div class="row">
        <div class="col-sm">第一列</div>
        <div class="col-sm">第二列</div>
        <div class="col-sm">第三列</div>
    </div>
</div>
<div class="container">
    <div class="row align-items-center">
        <div class="col-sm">第一列</div>
        <div class="col-sm">第二列</div>
        <div class="col-sm">第三列</div>
    </div>
</div>
<div class="container">
    <div class="row align-items-end">
        <div class="col-sm">第一列</div>
        <div class="col-sm">第二列</div>
        <div class="col-sm">第三列</div>
    </div>
</div>
```

3. align – self – * 样式

align – self – * 使用在容器内的子元素上，单独改变某项目在侧轴上的对齐方式（y 值开始，如果是 flex – direction：column，则从 x 轴开始），其拥有与 align – items 相同的可选子项：start、end、center、baseline、stretch（浏览器默认值）。示例 6 进行演示，效果如图 5 – 16 所示。

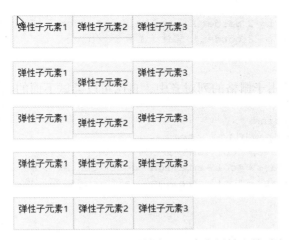

图 5 – 16 align – self – ＊设置某个子元素在侧轴上的对齐方式

示例 6：

```
< div class = "d – flex bg – light" style = "height:60px">
    < div class = "p – 2 border">弹性子元素 1 </div >
    < div class = "p – 2 border align – self – start">弹性子元素 2 </div >
    < div class = "p – 2 border">弹性子元素 3 </div >
</div >
< br >
< p > . align – self – end: </p >
< div class = "d – flex bg – light" style = "height:60px">
    < div class = "p – 2 border">弹性子元素 1 </div >
    < div class = "p – 2 borderalign – self – end">弹性子元素 2 </div >
    < div class = "p – 2 border">弹性子元素 3 </div >
</div >
< br >
< p > . align – self – center: </p >
< div class = "d – flex bg – light" style = "height:60px">
    < div class = "p – 2 border">弹性子元素 1 </div >
    < div class = "p – 2 border align – self – center">弹性子元素 2 </div >
    < div class = "p – 2 border">弹性子元素 3 </div >
</div >
< br >
< p > . align – self – baseline: </p >
< div class = "d – flex bg – light" style = "height:60px">
    < div class = "p – 2 border">弹性子元素 1 </div >
    < div class = "p – 2 border align – self – baseline">弹性子元素 2 </div >
    < div class = "p – 2 border">弹性子元素 3 </div >
</div >
< br >
< p > . align – self – stretch(默认): </p >
< div class = "d – flex bg – light" style = "height:60px">
    < div class = "p – 2 border">弹性子元素 1 </div >
```

```
        <div class = "p-2 border align-self-stretch">弹性子元素 2 </div>
        <div class = "p-2 border">弹性子元素 3 </div>
</div>
```

align-self-＊经常用于栅格的列对齐中，自己可以尝试下面的代码。

```
<div class = "container">
    <div class = "row align-items-end">
        <div class = "col-sm">第一列 </div>
        <div class = "col-sm align-self-center">第二列 </div>
        <div class = "col-sm align-self-end">第三列 </div>
    </div>
</div>
```

当容器中子元素有多行的时候，侧轴（交叉轴）对齐方式可以使用 . align-content-＊来控制。包含的值有 . align-content-start（默认）、. align-content-end、. align-content-center、. align-content-between、. align-content-around 和 . align-content-stretch。这些类在只有一行的弹性子元素中是无效的。具体示例自己进行尝试。

. align-content-＊-start 等支持媒体响应式查询。

5.4.4 填满

在相邻子元素上使用 . flex-fill，. flex-fill 强制它们在相同的宽度上分配所有可用的水平空间。如果三个项目同时设置了 . flex-fill，则它们等比例分割宽度，适合导航项目。如果其中一个或两个设置 . flex-fill，则设置有 . flex-fill 的子元素会填满剩余的宽度。示例 7 进行演示，效果如图 5-17 所示。

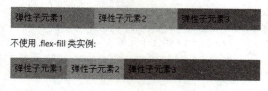

图 5-17　使用 . flex-fill 分配所有可用水平空间

示例 7：

```
<p >.flex-fill 类强制设置各个弹性子元素的宽度是一样的：</p >
<div class = "d-flex mb-3">
    <div class = "p-2 flex-fill bg-info">弹性子元素 1 </div >
    <div class = "p-2 flex-fill bg-warning">弹性子元素 2 </div >
    <div class = "p-2 flex-fill bg-primary">弹性子元素 3 </div >
</div>
<p >不使用 . flex-fill 类实例：</p >
<div class = "d-flex mb-3 bg-secondary ">
```

```
        < div class = "p – 2 bg – info">弹性子元素 1 </div >
        < div class = "p – 2 bg – warning">弹性子元素 2 </div >
        < div class = "p – 2 bg – primary">弹性子元素 3 </div >
</div >
```

.flex – * – fill 也可以实现响应式的媒体查询操作。

5.4.5　伸缩设置

使用 .flex – grow – * 设置项目弹性增长，以填充可用空间，* 表示 0 或 1，其也能实现 .flex – fill 的功能，设置成 1 即可。在下面的范例中，.flex – grow – 1 元素使用它可以使用的所有可用空间，同时允许剩余的两个 flex 项目保留必要的空间。示例 8 进行演示，效果如图 5 – 18 所示。

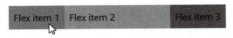

图 5 – 18　.flex – grow – 1 使用剩余空间

```
< p > .flex – grow – 1 用于设置子元素使用剩余的空间：</p >
< div class = " d – flex mb – 3" >
        < div class = " p – 2 bg – info" >Flexitem1 </div >
        < div class = " p – 2 flex – grow – 1 bg – warning" >Flexitem2 </div >
        < div class = " p – 2 bg – primary" >Flexitem3 </div >
</div >
```

如果需要，使用 .flex – shrink – * 来设置项目的收缩，* 表示 0 或 1，表示是否强制更换到新行中；在下面的示例中，第二个带有 .flex – shrink – 1 的弹性项目被强制将其内容包装到一个新行，"收缩" 以允许更多空间用于上一个具有 .w – 100 的弹性项目。通过元素生成的 CSS，可以看出，其实 .flex – fill 是 flex 族的简写形式；使用 .flex – shrink – *，如图 5 – 19 所示。

图 5 – 19　.flex – shrink – 1 使用剩余空间

```
< p > .flex – shrink – 1 用于设置子元素使用剩下的空间：</p >
< div class = "d – flex mb – 3">
        < div class = "p – 2 w – 100 bg – info">Flexitem1 </div >
        < div class = "p – 2 bg – warning flex – shrink – 0">Flexitem2 </div >
        < div class = "p – 2 bg – primary flex – shrink – 0">Flexitem3 </div >
</div >
```

这一对样式也支持响应式的媒体查询：.flex – * – grow│shrink – *。

5.4.6 排序

使用 . order – * 来设置子元素项目的排序顺序，从 . order – 1 到 . order – 12，数字越低，权重越高， . order – 1 排在 . order – 2 之前。由于 order 只能使用整数值（如 5），因此，对于需要的任何额外值，需要自定义 CSS。使用 . order – first 强行设置列为第一列， . order – last 为最后一列。示例 9 进行演示，效果如图 5 – 20 所示。

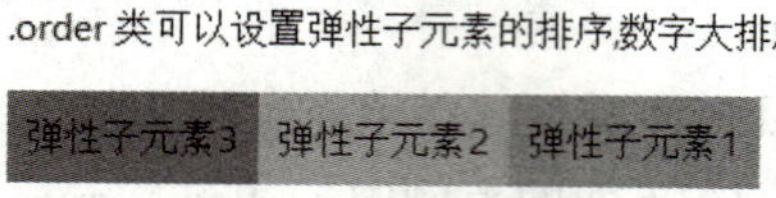

.order 类可以设置弹性子元素的排序,数字大排序越靠后:

弹性子元素3　弹性子元素2　弹性子元素1

图 5 – 20　. order – * 设置子元素顺序

示例 8：

```
<p>.order 类可以设置弹性子元素的排序,数字大,排序越靠后:</p>
<div class = "d – flex mb – 3">
    <div class = "p – 2 order – 3 bg – info">弹性子元素1</div>
    <div class = "p – 2 order – 2 bg – warning">弹性子元素2</div>
    <div class = "p – 2 order – 1 bg – primary">弹性子元素3</div>
</div>
```

order 也包含响应式设计，支持 . order – * – *。

5.4.7 自动边距（自浮动）

. mr – auto 类可以设置子元素右外边距为 auto，即 margin – right：auto！important；；. ml – auto 类可以设置子元素左外边距为 auto，即 margin – left：auto！important；当 flex 对齐与 margin auto 混在一起的时候，flexbox 也能正常运行。

通过自动 margin 来控制 flex 项目，分别是向右推两个项目（. mr – auto）、向左推两个项目（. ml – auto），效果如图 5 – 21 所示。

.mr-auto 类可以设置子元素右外边距为 auto, .ml-auto 类可以设置子元素左外边距为 auto,

Flex item 1　　Flex item 2　Flex item 3

Flex item 1　Flex item 2　　　　Flex item 3

图 5 – 21　自动边距

```
<p>.mr – auto 类可以设置子元素右外边距为 auto,.ml – auto 类可以设置子元素左外边距为 auto</p>
<div class = "d – flex mb – 3 bg – secondary">
    <div class = "p – 2 mr – auto bg – info">Flex item1</div>
    <div class = "p – 2 bg – warning">Flex item2</div>
```

```
        < div class = "p - 2 bg - primary">Flex item3 </div >
</div >
< div class = "d - flex mb - 3 bg - secondary ">
        < div class = "p - 2 bg - info">Flex item1 </div >
        < div class = "p - 2 bg - warning">Flex item2 </div >
        < div class = "p - 2 ml - auto bg - primary">Flex item3 </div >
</div >
```

不幸的是，IE10 和 IE11 不能正确支持在父层具有非默认的 justify - content 值自动边距浮动 automargin。

对于垂直方向，也可以使用 . mb - auto 和 . mt - auto 来设置对象方向，自己可以尝试。

5.4.8　包裹

改变 flex 项目在 flex 容器中的包裹方式（可以实现弹性布局），其中包括无包裹 . flex - nowrap（浏览器默认）、包裹 . flex - wrap 或反向包裹 . flex - wrap - reverse。. flex - warp - reverse进行项目排序顺序的倒序。可以参考以下示例进行尝试。

```
< div class = "d - flex flex - wrap" style = "width:200px;">
< div class = "p - 2">项目 1 </div >
< div class = "p - 2">项目 2 </div >
< div class = "p - 2">项目 3 </div >
< div class = "p - 2">项目 4 </div >
< div class = "p - 2">项目 5 </div >
< div class = "p - 2">项目 6 </div >
< div class = "p - 2">项目 7 </div >
< div class = "p - 2">项目 8 </div >
< div class = "p - 2">项目 9 </div >
< div class = "p - 2">项目 10 </div >
</div >
```

这三个样式也支持响应式的媒体查询：. flex - * - warp 等。

 任务总结

本任务内容较多，使用 . d - flex 开启 flex 布局。可以通过 flex - row、flex - row - reverse 设置子元素水平方向布局，flex - column、flex - column - reverse 实现子元素垂直方向布局。使用 justify - content - * 实现项目在主轴上的对齐，使用 align - items - * 实现项目在侧轴上的对齐，使用 flex - fill 强制分配可用的水平空间，使用 . flex - grow - * 设置项目弹性增长，使用 . flex - shrink - * 来设置项目的收缩，使用 . order - * 来设置子元素项目的排序顺序。

项目评价表

序号	学习目标	学生自评
1	能够按需求设置元素的边框、颜色、背景	□能够根据情景熟练设置元素的边框、颜色、背景 □需要参考教材内容才能实现 □遇到问题不知道如何解决
2	能够按需求设置元素的浮动、显示和隐藏	□能够按需求熟练操作元素的浮动、清除浮动，显示和隐藏 □需要参考相应的帮助文档才能实现 □无法独立完成程序的设计
3	能够熟练使用 Bootstrap 的宽度、高度和元素间距设置	□能够熟练操作 □需要参考相应的帮助文档才能实现 □无法独立完成程序的设计
4	能够熟练使用 Flex 弹性布局	□能够熟练操作 □需要参考相应的帮助文档才能实现 □无法独立完成程序的设计
评价得分		
学生自评得分 （20%）	学习成果得分 （60%）	学习过程得分 （20%）	项目综合得分

项目小结

    Bootstrap 的公共样式有文本颜色、背景颜色、边框设置、显示模式设置、浮动和清除浮动、间隔设置、flex 弹性布局等，这些公共样式为页面设计和布局提供了方便。

项目 6

Bootstrap组件

任务 6.1 使用按钮组和下拉菜单

 **任务描述**

通过按钮和按钮组的学习，完成内嵌按钮组及下拉菜单和拆分按钮下拉菜单的制作。

 **任务实施**

6.1.1 按钮组

按钮组主要包括基本按钮组（水平按钮组）、垂直按钮组、内嵌按钮组及下拉菜单、按钮组大小等方面的内容。

1. 将按钮放在同一行上

可以在 <div> 元素上添加 . btn – group 类来创建按钮组，如图 6 – 1 所示。

图 6 – 1　按钮组

```
< div class = "btn – group" >
< button class = "btn btn – primary" >Apple </button >
< button class = "btn btn – primary" >Samsung </button >
< button class = "btn btn – primary" >Sony </button >
</div >
```

2. 设置按钮组大小

使用 . btn – group – lg | sm 来控制按钮组的大小，如图 6 – 2 所示。

3. 设置垂直方向的按钮组

垂直方向的按钮组可以通过 . btn – group – vertical 设置，如图 6 – 3 所示。

按钮组大小

我们可以使用 .btn-group-lg|sm类来设置按钮组的大小。

大按钮:

默认按钮:

小按钮:

垂直按钮组

可以使用 .btn-group-vertical 类来创建垂直的按钮组。

图6-2　按钮组大小　　　　　**图6-3　垂直方向的按钮组**

```
<div class = "container">
    <h2>垂直按钮组</h2>
    <p>可以使用 .btn-group-vertical 类来创建垂直的按钮组:</p>
    <div class = "btn-group-vertical">
        <button type="button" class="btn btn-primary">Apple</button>
        <button type="button" class="btn btn-primary">Samsung</button>
        <button type="button" class="btn btn-primary">Sony</button>
    </div>
</div>
```

4. 内嵌按钮组及下拉菜单

可以在按钮组内设置下拉菜单,如图6-4所示。

内嵌按钮组

按钮组设置下拉菜单:

图6-4　内嵌按钮组及下拉菜单

```
<div class = "container">
    <h2>内嵌按钮组</h2>
    <p>按钮组设置下拉菜单:</p>
    <div class = "btn-group">
        <button type="button" class="btn btn-primary">Apple</button>
        <button type="button" class="btn btn-primary">Samsung</button>
        <div class = "btn-group">
            <button type="button" class="btn btn-primary dropdown-toggle" data-toggle="dropdown">Sony</button>
            <div class = "dropdown-menu">
                <a class = "dropdown-item" href = "#">Tablet</a>
                <a class = "dropdown-item" href = "#">Smartphone</a>
            </div>
        </div>
    </div>
</div>
    <script src = "bootstrap-4.1.3/js/jquery.min.js"></script>
    <script src = "bootstrap-4.1.3/js/popper.min.js"></script>
    <script src = "bootstrap-4.1.3/js/bootstrap.min.js"></script>
```

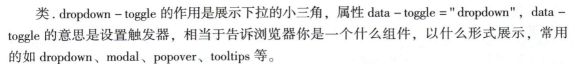

类 . dropdown – toggle 的作用是展示下拉的小三角，属性 data – toggle = "dropdown"，data – toggle 的意思是设置触发器，相当于告诉浏览器你是一个什么组件，以什么形式展示，常用的如 dropdown、modal、popover、tooltips 等。

下拉菜单通过点击触发，而不是通过鼠标悬停悬浮触发，下拉菜单控件依赖于第三方 Popper. js 插件，使用时请确保 popper. min. js 文件放在 bootstrap. js 之前，或者使用 bootstrap. bundle. min. js、bootstrap. bundle. js 文件，因为这两个文件中包含了 Popper. js。

上述主要代码部分也可以写成如下形式：

```
< div class = "btn – group">
        < button type = "button" class = "btn btn – primary">Apple </button >
        < button type = "button" class = "btn btn – primary">Samsung </button >
        < button type = "button" class = "btn btn – primary dropdown – toggle"data –
toggle = "dropdown">Sony </button >
                < div class = "dropdown – menu">
                        < a class = "dropdown – item" href = "#">Tablet </a >
                        < a class = "dropdown – item" href = "#">Smartphone </a >
                </div >
</div >
```

5. 拆分按钮下拉菜单

```
< div class = "container">
< h2 >拆分按钮下拉菜单 </h2 >
< div class = "btn – group">
        < button type = "button" class = "btn btn – primary">Sony </button >
        < button type = "button" class = "btn btn – primary dropdown – toggle dropdown –
toggle – split" data – toggle = "dropdown"> </button >
        < div class = "dropdown – menu">
            < a class = "dropdown – item" href = "#">Tablet </a >
            < a class = "dropdown – item" href = "#">Smartphone </a >
        </div >
</div >
</div >
```

结果如图 6 – 5 所示。

拆分按钮下拉菜单

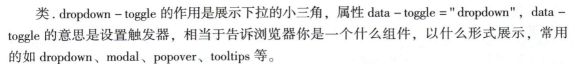

图 6 – 5　拆分按钮下拉菜单

其中，类 . dropdown – toggle – split 可以使下拉小三角的内外边距变得更小。

6. 垂直按钮组及下拉菜单

```
< div class = "container">
< h2 >垂直按钮组及下拉菜单</h2 >
< div class = "btn – group – vertical">
< button type = "button" class = "btn btn – primary">Apple </button >
< button type = "button" class = "btn btn – primary">Samsung </button >
< div class = "btn – group">
< button type = "button" class = "btn btn – primary dropdown – toggle" data – toggle
= "dropdown">
Sony
</button >
< div class = "dropdown – menu">
< a class = "dropdown – item" href = "#">Tablet </a >
< a class = "dropdown – item" href = "#">Smartphone </a >
</div >
</div >
</div >
</div >
```

结果如图 6 – 6 所示。

图 6 – 6　垂直按钮组及下拉菜单

6.1.2　**Bootstrap** 下拉菜单

　　创建一个下拉菜单主要分成两部分：一部分是使用 . dropdown 类来声明一个下拉菜单，另一部分就是使用按钮 < button > 或超链接 < a > 来打开一个下拉菜单，按钮 < button > 或超链接 < a > 需要添加 . dropdown – toggle 类和 data – toggle = "dropdown" 属性。要使用 dropdown – menu 类来设置实际下拉菜单，下拉菜单的选项中添加 . dropdown – item 类。

　　下拉菜单组件主要包括标签、对齐方式、弹出方向、禁用、激活等方面的内容。

1. 单一按钮的下拉菜单

　　下面演示单一按钮的下拉菜单示例，其中按钮可以是 < button >，也可以是超链接 < a >，效果如图 6 – 7 所示。可以自由引用 . btn – primry 等颜色及样式类来定义下拉菜单的外在表现。

```
< div class = "dropdown">
    < button type = "button" class = "btn btn – primary dropdown – toggle" data –
toggle = "dropdown">菜单 </button >
```

```
<div class = "dropdown - menu">
      <a class = "dropdown - item" href = "#">子菜单1 </a>
      <a class = "dropdown - item" href = "#">子菜单2 </a>
    </div>
</div>
```

图 6 - 7　单一按钮形式的下拉菜单

2. 分裂式按钮下拉菜单

分裂式按钮就是前边学习的拆分按钮下拉菜单，效果如图 6 - 8 所示。

```
<div class = "btn - group">
      <button type = "button" class = "btn btn - primary">Sony </button>
      <button type = "button" class = "btn btn - primary dropdown - toggle" data -
toggle = "dropdown">
      </button>
      …
    </div>
```

除此之外，下拉菜单中可以添加标题和分割线，使用 . dropdown - header 类创建下拉菜单标题，使用 . dropdown - divider 类创建下拉菜单中的水平分割线。下拉菜单中还可以设置可用项与禁用项，. active 类会让下拉菜单的选项高亮显示（添加蓝色背景），显示为可用项，如果要禁用下拉菜单的选项，可以使用 . disabled 类，如图 6 - 9 所示。

图 6 - 8　分裂式按钮下拉菜单　　**图 6 - 9　添加标题和分割线的下拉菜单**

下拉菜单默认的对齐方式是自动从顶部和左侧的父级 100% 定位。添加 . dropdown - menu - right 到 . dropdown - menu 就会从右侧轻松对齐下拉菜单，如图 6 - 10 所示。

```
<div class = "btn - group">
    <button type = "button" class = "btn btn - primary">Sony</button>
    <button type = "button" class = "btn btn - primary dropdown - toggle" data -
toggle = "dropdown">
    </button>
    <div class = "dropdown - menu dropdown - menu - right">
    ...
    </div>
</div>
```

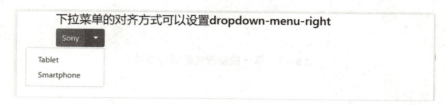

图 6－10　下拉菜单的对齐方式

下拉菜单弹出方向默认为向下，可以用 .dropup、.dropright、.dropleft 改变下拉菜单的指向，设置不同的弹出方向。向上弹出的子菜单，可以在 div 元素上添加 dropup 类；向左边弹出的下拉菜单，可以在 div 元素上添加 dropleft 类；向右弹出，可以在 div 元素上添加 dropright 类。读者自己可以尝试代码。

如果想使用响应式对齐，通过添加 data－display＝"static"属性禁用动态定位，并使用响应式变体类。为了使下拉菜单左/右对齐和给定断点或更大的断点，加上 .dropdown－menu－{sm|－md|－lg|－xl}－left/right。为了使下拉菜单左右对齐以及在不同断点进行左右对齐，需要加上类 .dropdown－menu－{sm|－md|－lg|－xl}－left/right。但是不需要为导航栏中的下拉按钮添加 data－display＝"static"属性，因为导航栏中不使用 popper.js。

 任务总结

通过本任务的学习，了解按钮和按钮组的制作，并且可以制作内嵌按钮组及下拉菜单和拆分按钮式下拉菜单。单独创建一个下拉菜单要使用 dropdown 类声明，使用按钮 <button> 或超链接 <a> 来打开一个下拉菜单，使用 dropdown－menu 类来设置实际下拉菜单，<button> 或 <a> 需要添加 dropdown－toggle 类和 data－toggle＝"dropdown"属性。

任务 6.2　使用 Bootstrap 导航、导航栏、面包屑导航

 **任务描述**

完成动态选项卡、响应式带折叠效果的导航栏、面包屑导航的制作。

任务实施

6.2.1　Bootstrap 导航

如果想创建一个简单的水平导航，可以在 <ul> 元素上添加 .nav 类，在每个 <li> 选项上添加 .nav－item 类，在每个链接上添加 .nav－link 类来完成。主要代码示例如下，效果如图 6－11 所示。

```
<ul class = "nav">
    <li class = "nav-item">
        <a class = "nav-link active" href = "#">选项1 </a>
    </li>
    <li class = "nav-item">
        <a class = "nav-link" href = "#">选项2 </a>
    </li>
    <li class = "nav-item">
        <a class = "nav-link" href = "#">选项3 </a>
    </li>
    <li class = "nav-item">
        <a class = "nav-link disabled" href = "#">Disabled </a>
    </li>
</ul>
```

简单的水平导航：

选项1　选项2　选项3　Disabled

图 6－11　水平导航

.nav 类可以使用在很多地方，所以标签非常灵活，比如使用在 <ul> 列表，或者自定义一个 <nav> 组件，导航还可以使用 <nav>，因为 .nav 基于 display:flex 定义，导航链接的行为与导航项目相同，不需要额外的标记。如下代码效果与上面一样。

```
<nav class = "nav">
  <a class = "nav-link active" href = "#">选项1 </a>
  <a class = "nav-link" href = "#">选项2 </a>
  <a class = "nav-link" href = "#">选项3 </a>
  <a class = "nav-link disabled" href = "#">Disabled </a>
</nav>
```

使用栅格系统的 flexbox 工具可以更改导航的水平对齐方式。默认情况下导航左对齐，但可以用 .justify－content－center 改为居中对齐，或使用 .justify－content－end 改为右对齐。

.flex－column 类用于创建垂直导航，写法为 < ul class = " nav flex－column" > 或者 < nav class = " nav flex－column" >，如在特定的 viewport 屏幕下需要堆叠，可使用响应式定义（如 .flex－sm－column 样式）。

从上面了解到，一个基本导航如果加入 . nav – tabs，就可以生成选项卡导航（滑动门，同时结合 tabJavaScript 插件来构建 tabs 滑动门；如果加入 . nav – pills，就成为胶囊式导航。效果如图 6 – 12 和图 6 – 13 所示。

```
<p>选项卡导航:</p>
<ul class = "nav nav – tabs">
    <li class = "nav – item">
        <a class = "nav – link active" href = "#">Active</a>
    </li>
    <li class = "nav – item">
        <a class = "nav – link" href = "#">Link</a>
    </li>
    <li class = "nav – item">
        <a class = "nav – link" href = "#">Link</a>
    </li>
    <li class = "nav – item">
        <a class = "nav – link disabled" href = "#">Disabled</a>
    </li>
</ul>
```

图 6 – 12　选项卡导航

```
<p>胶囊式导航:</p>
<ul class = "nav nav – pills">
    ...
</ul>
```

图 6 – 13　胶囊导航

. nav 内容有两种宽度扩展用的类，其中一个类使用 . nav – fill，< ul class = " nav nav – pills nav – fill" >，它会将 . nav – item 按照比例分配空间。注意：这会占用所有的水平空间，但不是每个导航项目的宽度都相同。当使用 < nav > 做导航时，请确保包含 . nav – item 在 a 超链接上。另一个类使用 . nav – justified，< ul class = " nav nav – pills nav – justified" >，所有水平空间将被导航链接占用，但与上述 . nav – fill 不同，每个导航项目将具有相同的宽度。与 . nav – fill 的例子近似，使用基于 < nav > 的导航时，需确保在链接上包含 . nav – item 子项定义。演示效果如图 6 – 14 所示。

图 6 – 14 . nav 的两种宽度扩展类

不论是选项卡导航还是胶囊式导航，都可以设置成动态可切换的，可以在每个链接上添加 data – toggle = "tab" 属性或 data – toggle = " pill" 属性，然后在每个选项对应的内容上添加 . tab – pane 类，即可启动动态选项卡或胶囊式导航，无须编写任何 JavaScript，就可在. nav – tabs 或 . nav – pills 使用这些数据属性。

要使标签淡入淡出，则添加 . fade 到每个 . tab – pane，第一个选项卡窗格还必须定义 . show 使默认初始内容可见。主要代码如下，效果如图 6 – 15 所示。

```
< h4 > 动态选项卡导航 < /h4 >
< ul class = "nav nav – tabs"">
      < li class = "nav – item">
            < a class = "nav – link active" data – toggle = "tab" href = "#option1">
选项 1 < /a >
      < /li >
      < li class = "nav – item">
            < a class = "nav – link" data – toggle = "tab" href = "#option2">选项 2 < /a >
      < /li >
      < li class = "nav – item">
            < a class = "nav – link" data – toggle = "tab" href = "#option3">选项 3 < /a >
      < /li >
< /ul >
< div class = "tab – content">
      < div id = "option1" class = "tab – pane active"> < br >
            < h3 >选项 1 < /h3 >
            < p >选项 1 的具体内容 < /p >
      < /div >
      < div id = "option2" class = "tab – pane"> < br >
            < h3 >选项 2 < /h3 >
            < p >选项 2 的具体内容 < /p >
      < /div >
      < div id = "option3" class = "tab – pane fade"> < br >
            < h3 >选项 3 < /h3 >
            < p >选项 3 的具体内容 < /p >
      < /div >
< /div >
< br > < br >
< h4 >动态胶囊导航 < /h4 >
```

```
<ul class = "nav nav-pills">
    <li class = "nav-item">
        <a class = "nav-link active" data-toggle = "pill" href = "#pilloption1">
胶囊选项1</a>
    </li>
    <li class = "nav-item">
        <a class = "nav-link" data-toggle ="pill" href = "#pilloption2">胶囊选
项2</a>
    </li>
    <li class = "nav-item">
        <a class = "nav-link" data-toggle = "pill" href = "#pilloption3">胶囊选
项3</a>
    </li>
</ul>
<div class = "tab-content">
    <div id = "pilloption1" class = "tab-pane active"> <br>
        <h3>胶囊选项1</h3>
        <p>胶囊选项1的具体内容</p>
    </div>
    ...
</div>
```

图 6-15 动态导航

无论是选项卡导航还是胶囊导航，其中的选项都可以使用下拉菜单，下面以选项卡式的导航带下拉菜单为例进行演示。效果如图 6-16 所示。

```
<ul class = "nav nav-tabs">
    <li class = "nav-item">
        <a class = "nav-link active" href = "#">Active</a>
    </li>
    <li class = "nav-item dropdown">
        <a class = "nav-link dropdown-toggle" data-toggle = "dropdown" href = "#">
Dropdown</a>
        <div class = "dropdown-menu">
            <a class = "dropdown-item" href = "#">Link1</a>
            <a class = "dropdown-item" href = "#">Link2</a>
            <a class = "dropdown-item" href = "#">Link3</a>
```

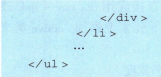

```
            </div>
        </li>
        ...
    </ul>
```

图 6 – 16　选项卡带下拉菜单

如果需要响应式的导航变化，需要使用一系列的 flexbox 弹性布局类别，这些通用类别能提供不同的弹性布局，比如下例中代码，导航将会堆叠在最小的屏幕上，然后从小断点开始填充可用宽度的水平布局。效果如图 6 – 17 所示。

```
<nav class = "nav nav – pills flex – column flex – sm – row">
    <a class = "flex – sm – fill text – sm – center nav – link active" href = "#">
Active</a>
    <a class = "flex – sm – fill text – sm – center nav – link" href = "#">Link</a>
    <a class = "flex – sm – fill text – sm – center nav – link" href = "#">Link</a>
    <a class = "flex – sm – fill text – sm – center nav – link disabled" href = "#">
Disabled</a>
</nav>
```

图 6 – 17　响应式导航

6.2.2　Bootstrap 导航栏

1. 一般导航栏

导航栏一般放在页面的顶部。可以使用 . navbar 类来创建一个标准的导航栏，后面紧跟 . navbar – expand – xl｜lg｜md｜sm 类来创建响应式的导航栏，就是大屏幕水平铺开，小屏幕垂直堆叠，同时，还可以使用一些配色方案的类。

导航栏上的选项可以使用 < ul > 元素并添加 class = " navbar – nav" 类，然后在 < li > 元素上添加 . nav – item 类，在 < a > 元素上使用 . nav – link 类。

导航栏中菜单项的活动状态：用 . active 表示当前页面，可直接应用在 . nav – link 或 . nav – item 上。对于激活和禁用状态，可以在 < a > 元素或者 < li > 元素上添加 . active 类来高亮显示选中的选项，. disabled 类用于设置该链接是不可点击的。

导航栏默认内容是流式的，使用 container 容器限制它们的水平宽度。

navbar 导航栏内置支持少量子组件。根据需要从以下选项选择：

- . navbar – brand，品牌，一般是产品或项目名称或者 logo，可以是文字，也可以是图片。. navbar – brand 可以用于大多数元素，但对于链接最有效，因为其一般用于 < a > 标签。
- . navbar – nav，提供完整和轻便的导航（包括对下拉菜单的支持）。
- . navbar – toggler，用于折叠插件和其他 navigation toggling 行为。
- . form – inline，用于任何表单控件和操作。
- . navbar – text，用于添加垂直居中的文本字符串。
- . collapse，. navbar – collapse 用于通过父断点进行分组和隐藏导航列内容。

下面的代码呈现的是一个在小屏幕上就会垂直显示的导航栏，并且导航栏中使用了 . navbar – brand。效果如图 6 – 18 所示。

```
<div class = "container">
<nav class = "navbar bg – dark navbar – dark navbar – expand – sm">
    <!-- <a class = "navbar – brand" href = "#">Logo </a> -->
    <a class = "navbar – brand" href = "#">
        < img src = "../img/navbar/bird.jpg" width = "40px"/>
    </a>
    <ul class = "navbar – nav">
        <li class = "nav – item">
            <a class = "nav – link" href = "#">Link1 </a>
        </li>
        <li class = "nav – item">
            <a class = "nav – link" href = "#">Link2 </a>
        </li>
        <li class = "nav – item">
            <a class = "nav – link" href = "#">Link3 </a>
        </li>
    </ul>
</nav>
</div>
```

图 6 – 18　带品牌的导航栏

2. 折叠导航栏

在上面的导航栏中，小屏幕时，导航栏由水平改为垂直方向，但通常小屏幕上都会折叠导航栏，通过点击再显示导航选项。要创建折叠导航栏，可以添加一个汉堡按钮，按钮上添加类 class = " navbar – toggler"，并且增加属性 data – toggle = " collapse" 与 data – target = "#目标名称"，如 < button class = " navbar – toggler" type = " button" data – toggle = " collapse" data – target = "#target1" >，然后在设置了 class = " collapse navbar – collapse"类的 div 上包裹导航内容（链接），div 元素上的 id 匹配按钮 data – target 上指定的 id，如图 6 – 19 所示，代码如下所示。

```
< nav class = "navbar navbar – expand – sm bg – dark navbar – dark">
    < a class = "navbar – brand" href = "#">Navbar </a>
    < button class = "navbar – toggler" type = "button" data – toggle = "collapse"
data – target = "#target1">
< span class = "navbar – toggler – icon"> </span>
    </button>
    < div class = "collapse navbar – collapse" id = "target1">
        < ul class = "navbar – nav">
            < li class = "nav – item">
                < a class = "nav – link" href = "#">Link </a>
            </li>
            < li class = "nav – item">
                < a class = "nav – link" href = "#">Link </a>
            </li>
            < li class = "nav – item">
                < a class = "nav – link" href = "#">Link </a>
            </li>
        </ul>
    </div>
</nav>
```

图 6 – 19　带折叠按钮的导航栏

导航中的无序列表也可以使用如下结构：

```
< div class = "collapse navbar – collapse" id = "target1">
< div class = "navbar – nav" >
    < a class = "nav – item  nav – link" href = "#">Link </a>
    < a class = "nav – item  nav – link" href = "#">Link </a>
    < a class = "nav – item  nav – link" href = "#">Link </a>
</div>
</div>
```

注意：要加上响应式的类，如 . navbar – expand – sm，倘若删除 . navbar – expand – sm 类，汉堡按钮会一直显示。

3. 导航栏的菜单项添加下拉菜单

当然，当导航栏的菜单项需要下拉菜单时，也可以添加下拉菜单，部分代码如下。

```
<li class = "nav – item dropdown">
    <a class = "nav – link dropdown – toggle" href = "#" data – toggle = "dropdown">
    Dropdownlink
    </a>
    <div class = "dropdown – menu">
        <a class = "dropdown – item" href = "#">Link1 </a>
        <a class = "dropdown – item" href = "#">Link2 </a>
        <a class = "dropdown – item" href = "#">Link3 </a>
    </div>
    </li>
```

4. 导航栏中 logo 的位置及显示与隐藏

导航栏中 logo 的位置一般在左侧，切换元素的汉堡按钮在右侧；当然，也可以是 logo 在右侧，切换元素的汉堡包按钮在左侧。如果切换元素的汉堡包按钮在左侧，右侧是品牌名称，那么品牌 logo 的代码要放在 button 按钮后面，部分代码如下，效果如图 6 – 20 所示。

```
<nav class = "navbar navbar – expand – sm navbar – light bg – light">
    <button······ > <span class = "navbar – toggler – icon"> </span> </button>
    <a class = "navbar – brand" href = "#">Navbar </a>
    <div class = "collapse navbar – collapse" id = "navbarTogglerDemo01">
        <ul class = "navbar – nav mr – auto">······</ul>
    </div>
</nav>
```

图 6 – 20   汉堡按钮与 logo 的位置

如果导航栏中的 navbar – brand 也要被隐藏，把 < a class = " navbar – brand" href = " #" > Navbar </a > 代码放置在 < div class = " collapse navbar – collapse" id = " target1" > 中。效果如图 6 – 21 所示。

图 6 – 21   折叠时隐藏 logo

5. 导航栏中菜单项右对齐

可以使用 Bootstrap 提供的间隙间距和 Flex 布局类来定义导航栏中元素的间距和对齐方式。可以设置 <ul> 元素的 .ml－auto 类，让 ul 标签中的内容在导航栏右对齐。当然，也可以设置 .mr－auto 类，让 ul 的内容在导航栏左对齐。

如果导航栏除了 <ul> 元素，还有一些其他的表单元素，并且表单内容在导航栏的右侧，可以设置 <ul> 元素 .ml－auto，这样表单内容实现右对齐的效果。

```
<nav class = "navbar  navbar－expand－sm  navbar－light  bg－light">
    <button……. > <span  class = "navbar－toggler－icon"> </span > </button >
    <div class = "collapse navbar－collapse"  id = "navbarTogglerDemo01">
        <a class = "navbar－brand"  href = "#">Hiddenbrand</a >
        <ul class = "navbar－nav ml－auto">…… </ul >
    </div >
</nav >
```

结果如图 6 – 22 所示。

图 6 – 22　菜单右对齐

6. 扩展导航区内容

扩展导航区内容，代码如下，效果如图 6 – 23 所示。

```
<div class = "collapse" id = "zhedie">
    <div class = "bg－dark p－4">
        <h4 class = "text－white">折叠的内容 </h4>
        <span class = "text－muted">通过 navbarlogo 进行切换 </span >
    </div >
</div >
<nav class = "navbar navbar－dark bg－dark">
    <button class = "navbar－toggler" type = "button" data－toggle = "collapse"
data－target = "#zhedie" >
    <span class = "navbar－toggler－icon"> </span >
    </button >
</nav >
```

图 6 – 23　扩展导航区内容

7. 导航栏中表单的设置

导航栏中如果有表单，<form>元素使用 class = "form – inline"类来排版各种表单控制元件和组件，还可以引用 input – group 输入框组控件，如 . input – group – addon 类用于在输入框前添加小标签。如果表单元素在右边，在 ul 标签上要使用 mr – auto 类<ul class = "navbar – nav mr – auto">。

```
< nav class = "navbar navbar – light bg – light">
< form class = "form – inline">
  < div class = "input – group">
  < div class = "input – group – prepend">
  < span class = "input – group – text"  id = "basic – addon1"> @ </span>
  </div>
  < input type = "text" class = "form – control" placeholder = "Username">
  </div>
</form>
</nav>
```

可以使用 . navbar – text 选择器来包裹到导航栏上非链接文本上，它对文本字符串的垂直对齐、水平间距做了处理优化，可以保证水平对齐，颜色与内边距的一样。

8. 固定导航栏

当网页内容较多，出现垂直滚动条的时候，导航栏会因为滚动而消失。那么能否实现让导航栏随浏览器实现流动呢？答案是可以的。

导航栏随浏览器滚动的效果（非固定位置），可选的流动包括固定在顶部、固定在底部、粘到顶部（与页面滚动，直到顶部并停留到那里）。

固定导航栏可以使用 position:fixed 属性，这意味着它们从 DOM 的正常流动和拉动可能需要自定义的 CSS（如在<body>上定义 padding – top），以防止其重叠覆盖了其他元素。固定在顶部，使用 . fixed – top；固定在底部，使用 . fixed – bottom；呈现黏性（随屏滚动）于浏览器窗口顶部，使用 . sticky – top。

下面代码演示了固定于底部的情况，效果如图 6 – 24 所示。

```
< nav class = "navbar navbar – expand – sm bg – dark navbar – dark fixed – bottom">
    < a class = "navbar – brand" href = "#">Logo </a>
    < ul class = "navbar – nav">
        < li class = "nav – item">
            < a class = "nav – link" href = "#">Link </a>
        </li>
        < li class = "nav – item">
            < a class = "nav – link" href = "#">Link </a>
        </li>
    </ul>
</nav>
```

图 6 – 24　导航栏固定于底部

6.2.3　面包屑导航

面包屑导航是在用户界面中的一种导航辅助，在导航结构中通过 CSS 自动添加分隔符号来指示当前页面在导航层次结构内的位置，为访客创造优越的用户体验。

Bootstrap 中的面包屑导航是一个简单的带有 . breadcrumb class 的无序列表，如图 6 – 25 所示。分隔符会通过 CSS（bootstrap. min. css）中的∷before 和 content 来添加，下面代码所示的 class 自动被添加：

```
< nav >
    < ol class = "breadcrumb">
        < li class = "breadcrumb – item active">首页 </li >
    </ol >
</nav >
< nav >
    < ol class = "breadcrumb">
        < li class = "breadcrumb – item"> < a href = "#">首页 </a > </li >
        < li class = "breadcrumb – item active">女装 </li >
    </ol >
</nav >

< nav >
    < ol class = "breadcrumb">
        < li class = "breadcrumb – item"> < a href = "#">首页 </a > </li >
        < li class = "breadcrumb – item"> < a href = "#">女装 </a > </li >
        < li class = "breadcrumb – item active">连衣裙 </li >
    </ol >
</nav >
```

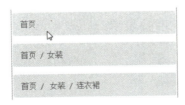

图 6 – 25　面包屑导航

也可以不用列表形式：

```
< nav class = "breadcrumb" >
  < a class = "breadcrumb – item" href = "#" >首页 </ a >
  < a class = "breadcrumb – item" href = "#" >女装 </ a >
  < span class = "breadcrumb – item active" >连衣裙 </ span >
</ nav >
```

任务总结

本任务主要完成 Bootstrap 中导航的设计。通过一个基本导航，加入 nav – tabs 类设计生成选项卡导航，加入 nav – pills 类设计成为胶囊式导航，并且可以设置成动态可切换的动态选项卡或胶囊式导航。在导航栏中，可以制作响应式折叠导航栏，通过添加汉堡按钮实现折叠与显示。面包屑导航通过 CSS 自动添加分隔符号来指示当前页面在导航层次结构内的位置，创造较好的用户体验。

任务 6.3　使用 Bootstrap 表单、表单控件、输入框组

任务描述

通过表单、表单控件、输入框组学习，完成各种表单及其元素页面的制作。

任务实施

6.3.1　表单

Bootstrap 通过一些简单的 HTML 标签和扩展的类即可创建出不同样式的表单。表单元素中的文本控件如 < input >、< textarea >、< checkbox >、< radio >、< select > 在使用 . form – control 类的情况下，宽度都是设置为 100%。

Bootstrap 表单布局分为堆叠表单（全屏宽度垂直方向）和内联表单（水平方向）。

1. 堆叠表单

以下示例使用两个输入框、一个"提交"按钮来创建堆叠表单，效果如图 6 – 26 所示。

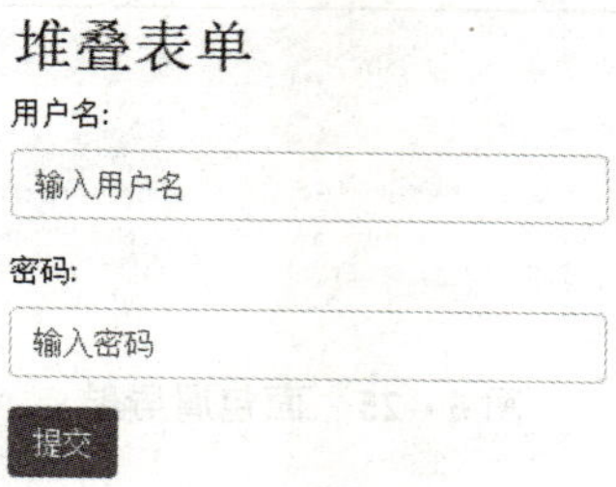

图 6 – 26　堆叠表单

```
< div class = "container" >
< h2 > 堆叠表单 </h2 >
< form >
    < div class = "form - group" >
        < label for = "email">用户名:</label >
        < input type = "email" class = "form - control" id = "email" placeholder = "
输入用户名">
    </div >
    < div class = "form - group" >
        < label for = "pwd">密码:</label >
        < input type = "password" class = "form - control" id = "pwd" placeholder =
"输入密码">
    </div >
    < !-- < div class = "form - check" >
        < label class = "form - check - label" >
< input class = "form - check - input" type = "checkbox">Rememberme
</label >
    </div > -->
    < button type = "submit" class = "btn btn - primary">提交 </button >
</ form >
</ div >
```

2. 内联表单

所有内联表单中的元素都是左对齐的。注意：在屏幕宽度小于 576 px 时，为垂直堆叠；如果屏幕宽度大于等于 576 px，表单元素会显示在同一个水平线上。内联表单需要在 < form > 元素上添加 . form - inline 类。将上述代码增加该类且去掉 form - group 之后，效果如图 6 - 27 所示。

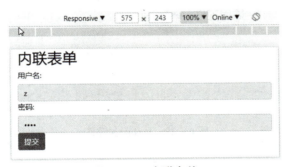

图 6 - 27　内联表单

6.3.2　表单控件

Bootstrap4 支持以下表单控件：input、textarea、checkbox、radio、select。

1. Bootstrap Input

Bootstrap 支持所有的 HTML5 输入类型：text、password、datetime、datetime - local、date、month、time、week、number、email、url、search、tel 及 color。

注意：如果 input 的 type 属性未正确声明，输入框的样式将不会显示。

以下示例使用两个 input 元素，一个是 text，一个是 password，效果如图 6 – 28 所示。

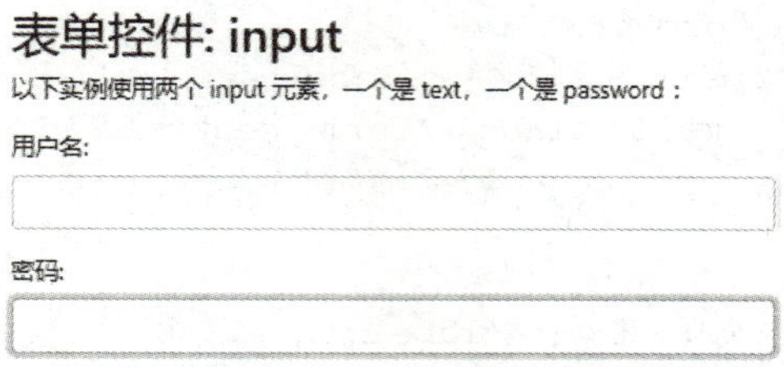

表单控件: input

以下实例使用两个 input 元素，一个是 text，一个是 password：

用户名：

密码：

图 6 – 28　input 的 type 属性是 tex 和 password

2. Bootstrap textarea

```
<div class = "container">
<h2>表单控件:textarea</h2>
<p>以下示例演示了 textarea 的样式。</p>
<form>
<div class = "form – group">
<label for = "comment">评论:</label>
<textarea class = "form – control" rows = "5" id = "comment"></textarea>
</div>
</form>
</div>
```

结果如图 6 – 29 所示。

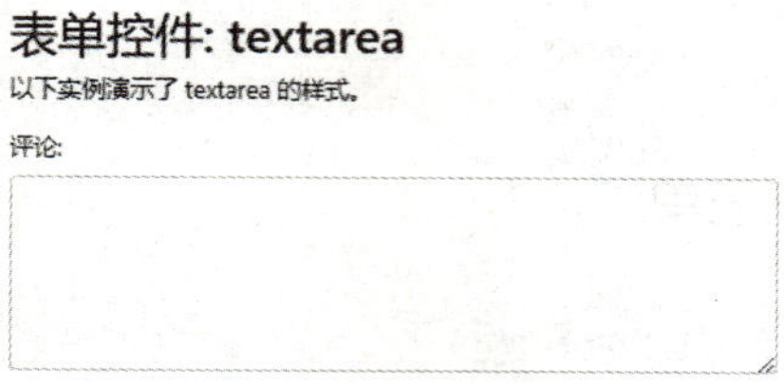

表单控件: textarea

以下实例演示了 textarea 的样式。

评论：

图 6 – 29　textarea 控件

3. Bootstrap 复选框（checkbox）与单选框（radio）

使用 . form – check 可以格式化复选框和单选框按钮，用于改进它们的默认布局和动作呈现，复选框用于在列表中选择一个或多个选项，单选框则用于从许多选项中选择一个。

复选框和单选框也是可以禁用的，只要 not – allowed 在父级的悬停上提供定义，< label > 需要将该 . disabled 类添加到父级 . form – check，同时，控件也会淡化文字颜色，以灰色显示禁用状态。

以下示例包含了三个选项，最后一个是禁用的，效果如图 6 – 30 所示。

```
<div class="container">
<h2>表单控件:checkbox</h2>
<p>以下示例包含了三个选项。最后一个是禁用的:</p>
<form>
<div class="form-check">
<label class="form-check-label">
<input type="checkbox"class="form-check-input" value="">Option1
</label>
</div>
<div class="form-check">
<label class="form-check-label">
<input type="checkbox"class="form-check-input" value="">Option2
</label>
</div>
<div class="form-check disabled">
<label class="form-check-label">
<input type="checkbox"class="form-check-input" disabled>Option3
</label>
</div>
</form>
</div>
```

表单控件: checkbox
以下实例包含了三个选项。最后一个是禁用的:

☑ Option 1
☑ Option 2
☐ Option 3

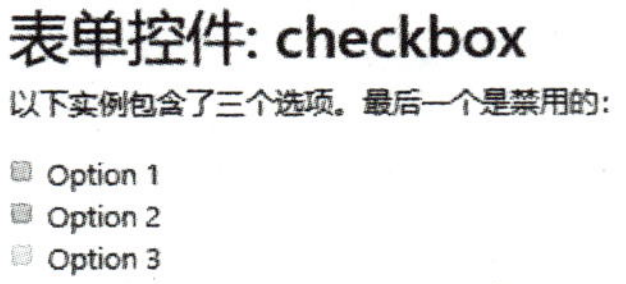

图 6-30　checkbox 控件

使用 .form-check-inline 类可以让选项显示在同一行上: < div class = " form-check form-check-inline" >,效果如图 6-31 所示。

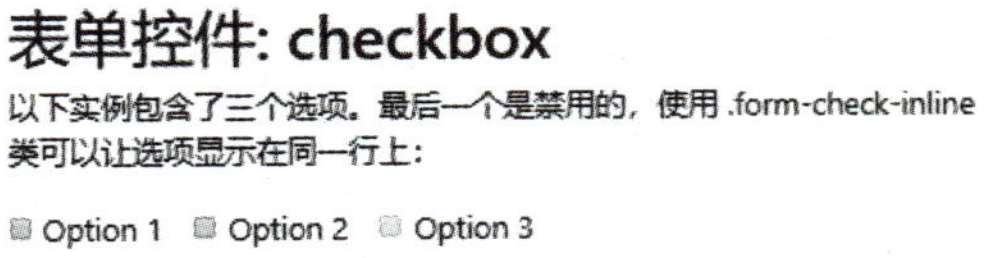

表单控件: checkbox
以下实例包含了三个选项。最后一个是禁用的,使用 .form-check-inline
类可以让选项显示在同一行上:

☑ Option 1　☐ Option 2　☑ Option 3

图 6-31　checkbox 控件应用 form-check-inline 类

单选框用于让用户从一系列预设置的选项中进行选择,只能选一个。以下示例包含了三个选项,最后一个是禁用的,效果如图 6-32 所示。

表单控件: radio
以下实例包含了三个选项。最后一个是禁用的:

○Option 1
○Option 2
○Option 3

图 6-32　Radio 控件应用 radio-inline 类

```
<h2>表单控件:radio</h2>
<p>以下示例包含了三个选项,最后一个是禁用的:</p>
<form>
<div class = "radio">
<label><input type = "radio" name = "optradio">Option1</label>
</div>
<div class = "radio">
<label><input type = "radio" name = "optradio">Option2</label>
</div>
<div class = "radio disabled">
<label><input type = "radio" name = "optradio" disabled>Option3</label>
</div>
</form>
</div>
```

使用.radio－inline 类可以让选项显示在同一行上，在上面代码的基础上稍做修改，主要为 label 标签增加.radio－inline 类 < label class = "radio－inline" > </label >，效果如图 6 － 33 所示。

表单控件: radio

以下实例包含了三个选项，最后一个是禁用的，使用 .radio-inline 类可以
让选项显示在同一行上：：

◉Option 1 ◉Option 2 ◉Option 3

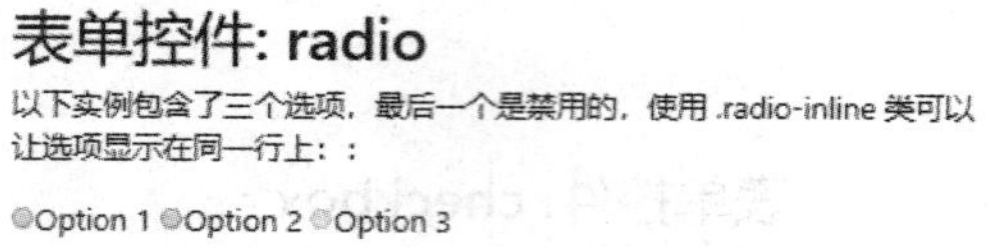

图 6 － 33 Radio 控件

4. Bootstrap select 下拉菜单

当想让用户从多个选项中进行选择，但是默认情况下只能选择一个选项时，则使用选择框。以下示例包含了两个下拉菜单，效果如图 6 － 34 所示。

```
<div class = "container">
<h2>表单控件:select</h2>
<p>以下表单包含了两个下拉菜单(select 列表):</p>
<form>
<div class = "form－group">
<label for = "sel1">单选下拉菜单:</label>
<select class = "form－control" id = "sel1">
<option>1</option>
<option>2</option>
<option>3</option>
<option>4</option>
</select>
<br>
<label for = "sel2">多选下拉菜单(按住 Shift 键,可以选取多个选项):</label>
<select multiple class = "form－control" id = "sel2">
<option>1</option>
<option>2</option>
<option>3</option>
```

```
< option >4 </option >
< option >5 </option >
</select >
        </div >
```

表单控件: select

以下表单包含了两个下拉菜单 (select 列表):

单选下拉菜单:

多选下拉菜单(按住 shift 键，可以选取多个选项):

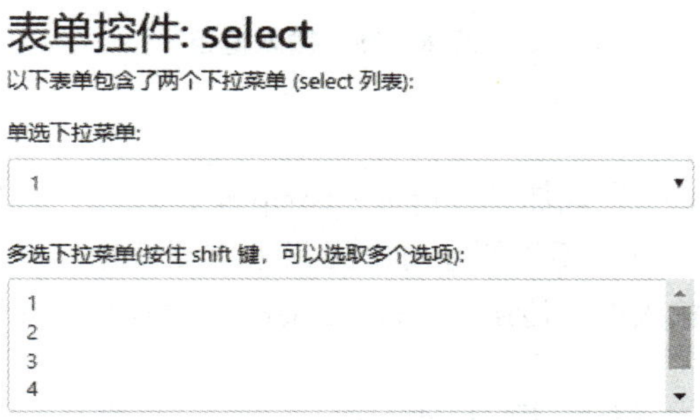

图 6 - 34　select 控件

6.3.3　各种输入框组

1. 输入框组

可以使用 . input – group 类来向表单输入框中添加更多的样式，如图标、文本或者按钮。使用 . input – group – prepend 类可以在输入框的前面，使用 . input – group – append 类在输入框的后面添加文本信息，使用 . input – group – text 类来设置文本的样式，效果如图 6 – 35 所示。

```
< div class = "container mt -3 ">
    < h3 >输入框组 </h3 >
    < form action = "/action_page.php">
        < div class = "input - group mb -3 ">
            < div class = "input - group - prepend">
                < span class = "input - group - text">@</span >
            </div >
            < input type = "text"class = "form - control" placeholder = "Username"
id = "usr" name = "username">
        </div >
        < div class = "input - groupmb -3 ">
            < input type = "text"class = "form - control" placeholder = "YourEmail"
id = "mail" name = "email">
            < div class = "input - group - append">
                < span class = "input - group - text">@ runoob.com </span >
            </div >
        </div >
        < button type = "submit" class = "btn btn - primary">Submit </button >
    </form >
</div >
```

图 6 – 35　输入框组

2. 输入框大小

将相对表单大小的 class 样式加到 . input – group 中，其内容会自动调整大小，如 . input – group – lg、. input – group – sm，不需要在每个元素上重复使用样式控制其大小。使用 . input – group – sm 类来设置小的输入框，使用 . input – group – lg 类设置大的输入框，如图 6 – 36 所示。

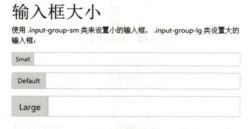

图 6 – 36　输入框大小

3. 多个输入框和多个文本

```html
< div class = "container mt – 3 ">
< h3 > 多个输入框和文本 </h3 >
< form >
< div class = "input – groupmb – 3 ">
< div class = "input – group – prepend">
< span class = "input – group – text">Person </span >
</div >
< input type = "text" class = "form – control" placeholder = "FirstName">
< input type = "text" class = "form – control" placeholder = "LastName">
</div >
</ form >
< form >
< div class = "input – groupmb – 3 ">
< div class = "input – group – prepend">
< span class = "input – group – text">One </span >
< span class = "input – group – text">Two </span >
< span class = "input – group – text">Three </span >
</div >
< input type = "text" class = "form – control">
</div >
</ form >
</div >
```

结果如图 6 – 37 所示。

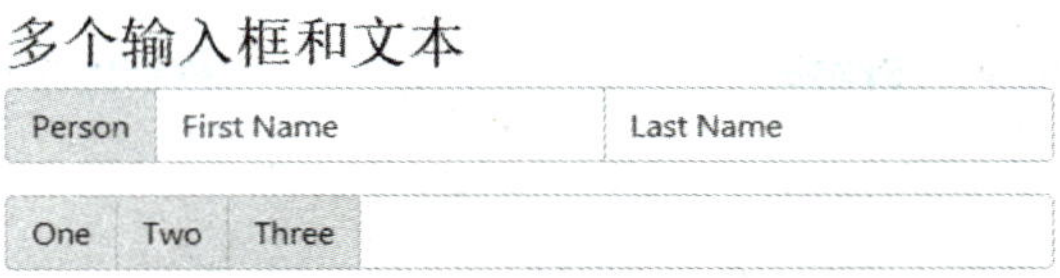

多个输入框和文本

Person	First Name	Last Name

One	Two	Three	

图 6 – 37　多个输入框和多个文本

4. 复选框与单选框

文本信息可以使用复选框与单选框替代，如图 6 – 38 所示。

```
<div class = "container mt – 3 ">
<h3 >复选框与单选框 </h3>
<p >文本信息可以使用复选框与单选框替代：</p >
<form >
<div class = "input – groupmb – 3 ">
<div class = "input – group – prepend">
<div class = "input – group – text">
<input type = "checkbox">
</div >
</div >
<input type = "text" class = "form – control" placeholder = "RUNOOB">
</div >
</form >
<form >
<div class = "input – groupmb – 3 ">
<div class = "input – group – prepend">
<div class = "input – group – text">
<input type = "radio">
</div >
</div >
<input type = "text" class = "form – control" placeholder = "GOOGLE">
</div >
</form >
</div >
```

复选框与单选框

文本信息可以使用复选框与单选框替代：

☐	RUNOOB

◯	GOOGLE

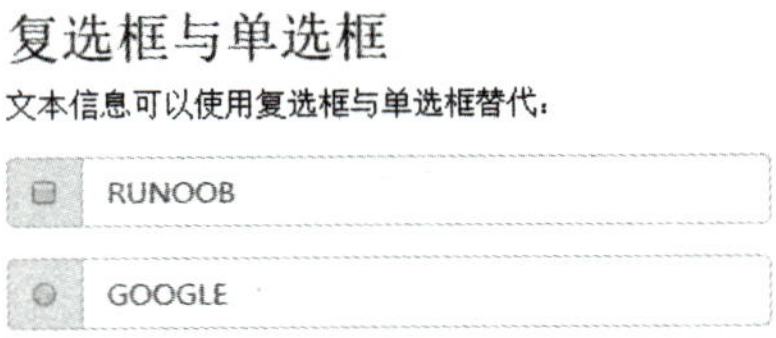

图 6 – 38　文本信息用复选框与单选框替代

5. 输入框添加按钮组

```
< div class = "container mt - 3 ">
    < h1 > 输入框添加按钮组 </ h1 >
    < div class = "input - group mb - 3 ">
        < div class = "input - group - prepend">
            < button class = "btn btn - outline - secondary" type = "button">
BasicButton </ button >
        </ div >
        < input type = "text" class = "form - control" placeholder = "Sometext">
    </ div >
    < div class = "input - group mb - 3 ">
        < input type = "text" class = "form - control" placeholder = "Search">
        < div class = "input - group - append">
            < button class = "btn btn - success" type = "submit">Go </ button >
        </ div >
    </ div >
    < div class = "input - group mb - 3 ">
        < input type = "text" class = "form - control" placeholder = "Something-
clever..">
        < div class = "input - group - append">
          < button class = "btn btn - primary" type = "button">OK </ button >
          < button class = "btn btn - danger" type = "button">Cancel </ button >
        </ div >
    </ div >
  </ div >
</ div >
```

结果如图 6 - 39 所示。

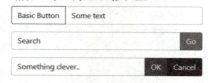

图 6 - 39 输入框添加按钮组

6. 设置下拉菜单

输入框中添加下拉菜单时，不需要使用 . dropdown 类，如图 6 - 40 所示。

图 6 - 40 输入框中添加下拉菜单

```
<div class = "container mt-3">
<h3>设置下拉菜单</h3>
<p>输入框中添加下拉菜单不需要使用 .dropdown 类。</p>
<form>
<div class = "input-group mt-3 mb-3">
<div class = "input-group-prepend">
<button type = "button" class = "btn btn-outline-secondary dropdown-toggle"
data-toggle = "dropdown">
选择网站
</button>
<div class = "dropdown-menu">
  <a class = "dropdown-item" href = "https://www.google.com">GOOGLE</a>
  <a class = "dropdown-item" href = "https://www.runoob.com">RUNOOB</a>
  <a class = "dropdown-item" href = "https://www.taobao.com">TAOBAO</a>
</div>
</div>
<input type = "text" class = "form-control" placeholder = "网站地址">
</div>
</form>
</div>
```

7. 输入框组标签

在输入框组，通过其外围的 label 来设置标签，标签的 for 属性需要与输入框组的 id 对应，单击标签后可以聚焦输入框，如图 6-41 所示。

```
<div class = "container mt-3">
<h2>输入框组标签</h2>
<p>在输入框组,通过其外围的 label 来设置标签,标签的 for 属性需要与输入框组的 id 对应。
</p>
<p>单击标签后可以聚焦输入框:</p>
<form>
<label for = "demo">这里输入您的邮箱:</label>
<div class = "input-groupmb-3">
<input type = "text"class = "form-control" placeholder ="Email" id = "demo" name =
"email">
<div class = "input-group-append">
<span class = "input-group-text">@ runoob.com</span>
</div>
</div>
</form>
</div>
```

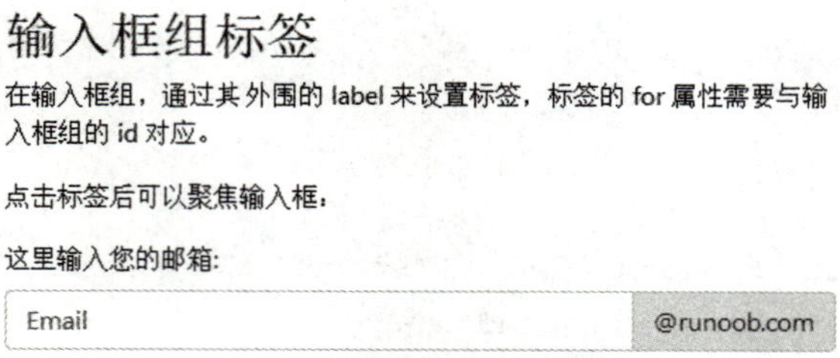

输入框组标签

在输入框组,通过其外围的 label 来设置标签,标签的 for 属性需要与输入框组的 id 对应。

点击标签后可以聚焦输入框:

这里输入您的邮箱:

| Email | | @runoob.com |

图 6 - 41 输入框组标签 label

更为完整的应用如下:

```
< form >
  < div class = "form - group">
    < label for = "exampleInputEmail1">Email address </label >
    < input type = "email" class = "form - control" id = "exampleInputEmail1" aria -
describedby = "emailHelp" placeholder = "Enter email">
    < small id = "emailHelp" class = "form - text text - muted">We'll never share
your email with anyone else. </small >
  </div >
  < div class = "form - group">
    < label for = "exampleInputPassword1">Password </label >
    < input type = "password" class = "form - control" id = "exampleInputPassword1"
placeholder = "Password">
  </div >
  < div class = "form - check">
    < input type = "checkbox" class = "form - check - input" id = "exampleCheck1">
    < label class = "form - check - label" for = "exampleCheck1">Check me out </label >
  </div >
  < button type = "submit" class = "btn btn - primary">Submit </button >
</form >
```

结果如图 6 - 42 所示。

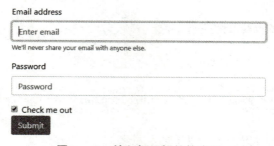

图 6 - 42 输入框组标签的应用

 **任务总结**

本任务完成了表单的相关设计,比如堆叠表单和内联表单。Bootstrap 几乎支持所有的表单控件和 HTML5 输入类型,可以使用 input - group 类来向表单输入框中添加更多的样式,这样就可以在输入框的前面或者后面追加信息。

任务 6.4　应用 Bootstrap 版式

任务描述

应用 Bootstrap4 版式中的大屏幕、列表组、卡片完成页面中大屏幕、动态列表组、新闻动态效果的制作。

任务实施

6.4.1　广告大块屏幕（jumbotron）

在许多网站的顶部常用大屏幕高亮显示内容的一部分，使用 Bootstrap 的 Jumbotron 类很容易做到。也可以选择 Jumbotron – fluid 类创建一个大屏幕，这是一个稍微不同的版本，占用父空间的全部空间。如果想让广告大屏幕占满当前浏览器全屏，不带有圆角，无背景色，就使用 Jumbotron – fluid 类，这是大屏幕的流动模式，在里面添加一个 . container 或 . container – fluid 即可。jumbotron 和 jumbotron – fluid 两个类的示例代码如下，效果如图 6 – 43 所示。

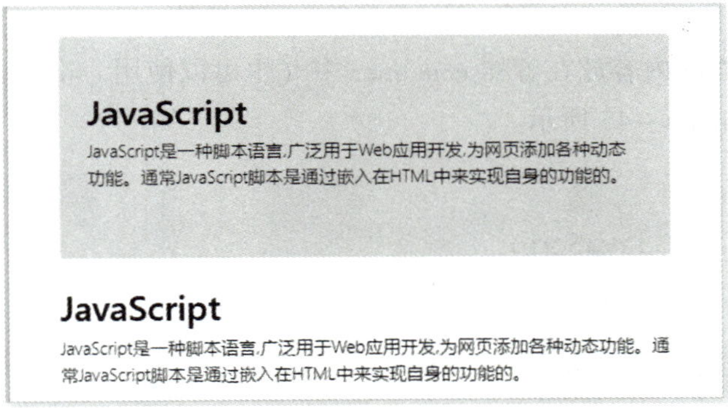

图 6 – 43　jumbotron 和 jumbotron – fluid

```
<div class = "container">
    <div class = "jumbotron">
        <h1 >JavaScript </h1 >
        <p class = "lead">JavaScript 是一种脚本语言,广泛用于 Web 应用开发,为网页添加
各种动态功能。</p>
        <hr >
        <p >通常 JavaScript 脚本是通过嵌入在 HTML 中来实现自身的功能的。</p >
        <p class = "lead">
            <a href = ""class = "btn btn – primary btn – lg">了解更多 </a >
        </p >
    </div >
```

```
       </div>
<div class = "container">
    <div class = "Jumbotron - fluid">
       ......
    </div>
</div>
```

jumbotron 有一个圆形的边缘，而且文本还会缩进一点。如果想让屏幕上方空开一点距离，可以根据需要添加上外边距，比如 mt - 4 等。

如果想要 jumbotron 占满屏幕整个宽度，需要把它放在容器 container 外面，效果如图 6 - 44 所示。

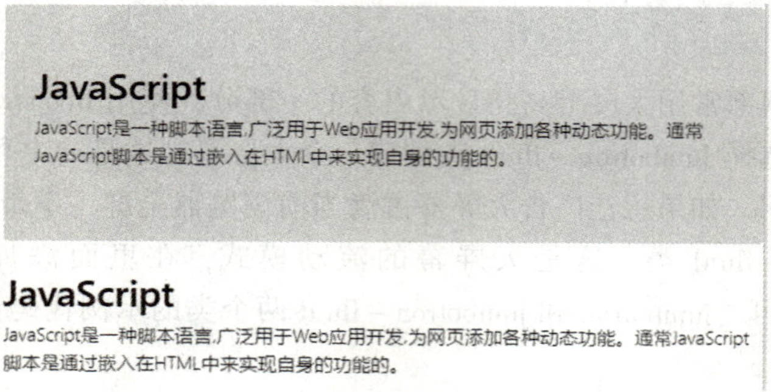

图 6 - 44　放在 container 外面

将 jumbotron 里面的内容放在容器 container 中（也可以使用 container - fluid），其中的内容就会对准网格，如图 6 - 45 所示。

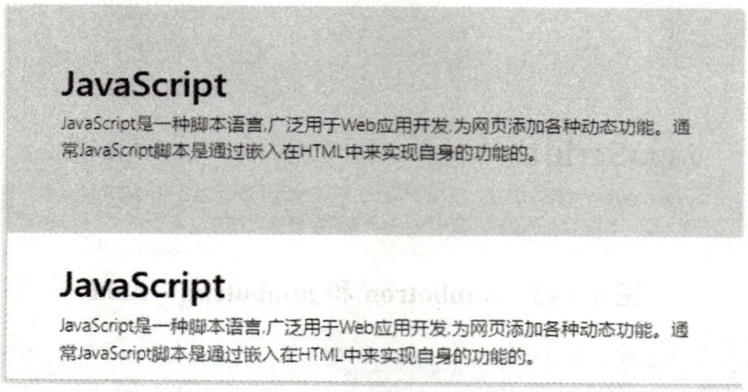

图 6 - 45　jumbotron 的内容放入 container

6.4.2　列表组（list - group）

列表组可以很好地用来设计列表和其他元素，如按钮和链接。列表组父类容器通常是 div 或 ul 标记，用 . list - group 修饰父类。要在父类容器中创建一个序列，可以使用列表项创建列表组项，也可以使用按钮或锚标记。在样式方面，列表组项使用 . list - group - item 类修饰项目，同时，可以使用活动样式 . active 或禁用样式 . disabled。

注意，要使链接完全禁用，需要使用额外的 JavaScript，禁用样式对按钮不起作用。使

用 < button > ，也可以使用 disabled 属性而不是 . disabled class， < a > 不支持 disabled 属性。

使用 < a > 或 < button > 来创建具有 hover、禁用、悬停和活动状态的列表组时，需要使用列表组项操作类 . list – group – item – action。

下面看一个示例，效果如图 6 – 46 所示。

```
<h2>ul 列表项 </h2 >
        < ul class = "list – group">
            < li class = "list – group – item active">First item </li >
            < li class = "list – group – item disabled">Second item </li >
            < li class = "list – group – item">Third item </li >
        </ul >
        <h2 >链接列表项 </h2 >
        < div class = "list – group">
            < a href = "#" class = "list – group – item list – group – item – action">
First item </ a >
            < a href = "#" class = "list – group – item list – group – item – action">
Second item </ a >
            < a href = "#" class = "list – group – item list – group – item – action">
Third item </ a >
    </ div >
```

ul列表项

First item
Second item
Third item

链接列表项

First item
Second item
Third item

图 6 – 46　列表组

可以使用情景式样式来设计具有状态背景和颜色的列表组，列表项目的颜色可以通过以下列来设置：. list – group – item – success、. list – group – item – secondary、. list – group – item – info、. list – group – item – warning、. list – group – item – danger，. list – group – item – dark 和 . list – group – item – light。情景式 class 也可以使用 . list – group – item – action 样式，注意，在上述示例中，不存在 hover 样式指示器，事实上它是支持的，而且还支持 e. active 状态指示，可以应用它们在上下文情景列表组的项目上进行活动状态选择指示。

```
<h2 >多种颜色列表项(使用超链接) </h2 >
< div class = "list – group">
    < a href = "#" class = "list – group – item list – group – item – primary list –
group – item – action">主要列表项 </a >
```

```
    < a href = "#" class = "list – group – item list – group – item – secondary">次要列
表项 </ a >
    ...
    </div >
```

结果如图 6 – 47 所示。

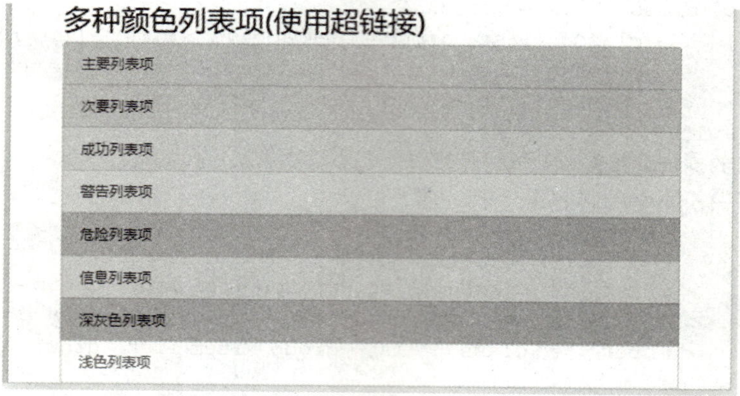

图 6 – 47 使用列表组的情景式样式设计背景颜色

在通用样式定义的帮助下，可向任何列表项目引入 badge（徽章），以显示未读计数、活动状态等，效果如图 6 – 48 所示。

```
< ul class = "list – group">
    < li class = "list – group – item d – flex justify – content – between">
        列表第 1 项
        < span class = "badge badge – primary badge – pill">14 </ span >
    </ li >
    < li class = "list – group – item d – flex justify – content – between">
        列表第 2 项
        < span class = "badge badge – primary badge – pill">2 </ span >
    </ li >
    < li class = "list – group – item d – flex justify – content – between">
        列表第 3 项
        < span class = "badge badge – primary badge – pill">1 </ span >
    </ li >
</ ul >
```

图 6 – 48 列表项目引入 badge（徽章）

在 flexbox 通用样式定义的支持下，列表组中几乎可以添加任意的 HTML 内容，包括标签、内容、链接，如图 6 – 49 所示。

```
<div class = "list – group">
    <a href = ""class = "list – group – item list – group – item – action">
        <div class = "d – flex w – 100 justify – content – between">
            <h5 class = "mb – 1">标题 </h5 >
            <small >一天前 </small >
        </div >
        <p class = "mb – 1">一些文字描述 </p >
        <small >子内容子内容子内容 </small >
    </a >
</div >
```

图 6 – 49　自定义列表组

加入 . list – group – flush 选择器，可以实现移除部分边框以及圆角，从而产生边缘对齐的列表组，这在诸如 Card 卡片等容器中很实用，示例如下，效果如图 6 – 50 所示。

```
<h4 >使用 . list – group – flush 实现移除部分边框以及圆角 </h4 >
<ul class = "list – group list – group – flush">
    <li class = "list – group – item">First item </li >
    <li class = "list – group – item">Second item </li >
    <li class = "list – group – item">Third item </li >
</ul >
```

**使用.list-group-flush实现移除部分
边框以及圆角**

First item

Second item

Third item

图 6 – 50　使用 . list – group – flush 实现移除部分边框以及圆角

使用列表组的 JavaScript 插件，单独或编译 bootstrap. js 文件来扩展列表组，以提供可选择的内容列表，如下例。单击不同列表项则显示不同的内容，效果如图 6 – 51 所示。

```
<div class = "row">
    <div class = "col – 3">
        <div class = "list – group">
        <a href = "#home" class = "list – group – item list – group – item – action
active" data – toggle = "list">Home </a >
```

```
                    < a href = "#profile" class = "list - group - item list - group - item -
action"data - toggle = "list">Profile </a >
                    < a href = "#message" class = "list - group - item list - group - item -
action" data - toggle = "list">Message </a >
            </ div >
      </ div >
      < div class = "col - 9">
            < div class = "tab - content">
                  < div id = "home" class = "tab - pane active">
                        <h3 >首页 </h3 >
                        <p >home 首页对应的内容 </p >
                  </ div >
                  < div id = "profile" class = "tab - pane fade">
                        <h3 >概述简介 </h3 >
                        <p >Profile 对应的内容 </p >
                  </ div >
                  < div id = "message" class = "tab - pane">
                        <h3 >消息 </h3 >
                        <p >Message 对应的内容 </p >
                  </ div >
            </ div >
      </ div >
</ div >
```

图 6 – 51　列表组交互效果

6.4.3　卡片（card）

卡片是 Bootstrap4 中的一个新设计元素，它可以帮助将内容装进卡片状容器里，并且有一个小轮廓围绕着这些内容。可以通过 Bootstrap4 的 . card 与 . card – body 类来创建一个简单的卡片，. card – body 可以建立卡片的内容主体。或者根据需要添加 . card – header 类创建卡片的头部样式、. card – footer 类创建卡片的底部样式，示例如下。效果如图 6 – 52 所示。

```
< div class = "card">
      < div class = "card - header">头部 </div >
      < div class = "card - body">内容 </div >
      < div class = "card - footer">底部 </div >
</ div >
```

在卡片的内部可以使用一系列的类来设置表示标题、副标题、文本、图像等的样式。通过 .card - text 设置文本的样式，比如 .text - right、.text - center、.text - left 等。

图片需要和 .card - body 同一个级别，在 img 标签中可以通过 .card - img 设置图片样式，.card -

图 6 - 52　拥有头部主体底部的卡片

img 修饰的图片 4 个角都是圆角。图片的位置在 .card 上面，就使用 .card - img - top，设置图片的上面两个角是圆角；在 .card 下面，就使用 .card - img - bottom，设置图片的下面两个角是圆角。所以 .card - img - top 设置图片上面是圆角，.card - img - bottom 设置图片下面是圆角。图片覆盖，就是文字在图片的上面，使用 .card - img - overlay 类，这个类放在 img 下面的 div 上。通过 .card - title 和 < h * > 组合，可以添加卡片标题；通过 .card - subtitle 和 < h * > 结合，可以添加副标题。将 .card - link 与 < a > 结合使用，可以添加平行的链接。如果 .card - title 和 .card - subtitle 组合放在 .card - body 中，则可对齐主、副标题，效果如图 6 - 53 所示。

```
< div class = "card">
    < div class = "card - body">
        < h5 class = "card - title">标题 </h5 >
        < h6 class = "card - subtitle mb - 2 text - muted">子标题 </h6 >
        < p class = "card - text">描述描述描述描述描述。</p >
        < a href = ""class = "card - link">立即下载 </a >
        < a href = ""class = "card - link">了解更多 </a >
    </div >
</div >
```

可以给 < img > 添加 .card - img、.card - img - top 或 .card - img - bottom 来设置图片卡片。图 6 - 54 是使用 .card - img - top 类的效果，代码如下，效果如图 6 - 55 所示。

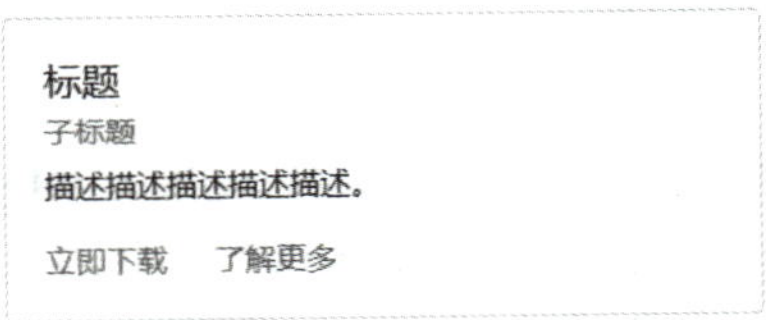

图 6 - 53　带有主、副标题和超链接的卡片

图 6 - 54　使用 .card - img - top 类

```
< div class = "card" style = "width: 322px;">
    < img class = "card - img - top" src = "../img/lanhuasmall01.jpg">
    < div class = "card - body">
        < h5 class = "card - title">兰花 </h5 >
        < h6 class = "card - subtitle mb - 2 text - muted">紫灵 </h6 >
        < p class = "card - text">为兰花中的传统名品,叶子幽绿,花瓣清雅,独有的花色,
给人一种不一样的视觉享受。</p>
        < a href = "" class = "card - link">立即下载 </a >
        < a href = "" class = "card - link">了解更多 </a >
    </div >
</div >
```

如果图片要设置为背景,可以使用 . card – img – overlay 类,代码如下,效果如图 6 – 55 所示。

```
< div class = "card" style = "width: 322px;">
    < img class = "card - img - top" src = "../img/lanhuasmall01.jpg">
    < div class = "card - img - overlay">
        < h5 class = "card - title text - light">兰花 </h5 >
        < h6 class = "card - subtitle mb - 2 text - light" >紫灵 </h6 >
        < p class = "card - text text - light">为兰花中的传统名品,叶子幽绿,花
瓣清雅,独有的花色,给人一种不一样的视觉享受。</p>
        < ! -- < a href = "" class = "card - link">立即下载 </a > -->
        < ! -- < a href = "" class = "card - link">了解更多 </a > -->
        < div class = "list - group list - group - flush">
            < a class = "list - group - item" href = "#">立即下载 </a >
            < a class = "list - group - item" href = "#">了解更多 </a >
        </div >
    </div >
</div >  >
```

图 6 – 55   使用 . card – img – overlay 类

同时,可以设置卡片的背景颜色,利用 . bg – primary、. bg – success、. bg – info,. bg – warning、. bg – danger、. bg – secondary、. bg – dark、. bg – light 等。可以使用边框类比如 . border – primary、. border – secondary 等改变卡片边框的颜色。也可以使用 . text – primary 等改变文本的颜色,如图 6 – 56 所示。

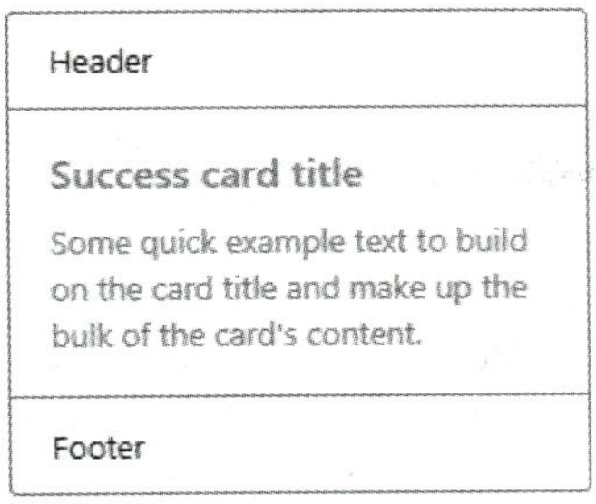

图 6 – 56　改变卡片边框、字体、背景颜色

```
< div class = "card border - success mb - 3 " style = "max - width:18rem;">
  < div class = "card - header bg - transparent border - success">Header </div >
  < div class = "card - body text - success">
    < h5 class = "card - title">Success card title </h5 >
    < p class = "card - text">Some quick example text to build on the card title and
make up the bulk of the card's content. </p >
  </div >
  < div class = "card - footer bg - transparent border - success">Footer </div >
</div >
```

使用列表组中的 . list – group – flush 选择器，可以建立一个包含内容的列表组的卡片。将上面示例中的超链接改为如下形式，效果如图 6 – 57 所示。

```
< div class = "list - group list - group - flush">
< a class = "list - group - item" href = "#">立即下载 </a >
< a class = "list - group - item" href = "#">了解更多 </a >
</div >
```

图 6 – 57　列表组卡片

下面是卡片和去掉外框线的列表组一起使用的示例，效果如图 6 – 58 ～ 图 6 – 60
所示。

```
< div class = "card" style = "width: 18rem;">
     < ul class = "list – group list – group – flush">
          < li class = "list – group – item">An item </li >
          < li class = "list – group – item">A second item </li >
          < li class = "list – group – item">A third item </li >
     </ul >
</div >
```

| An item |
| A second item |
| A third item |

图 6 –58　效果（1）

```
< div class = "card" style = "width: 18rem;">
     < div class = "card – header">
          Featured
     </div >
     < ul class = "list – group list – group – flush">
          < li class = "list – group – item">An item </li >
          < li class = "list – group – item">A second item </li >
          < li class = "list – group – item">A third item </li >
     </ul >
</div >
```

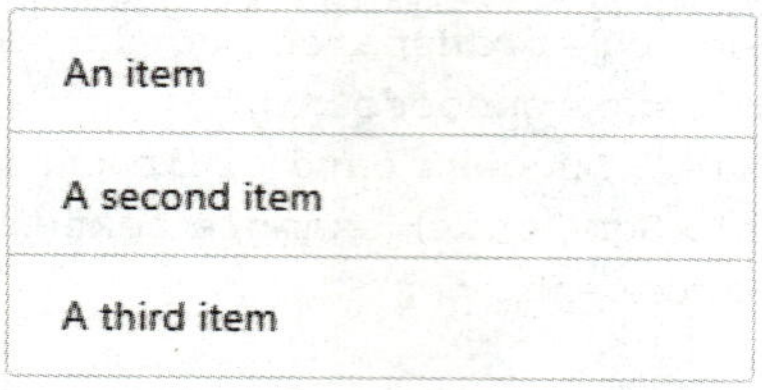

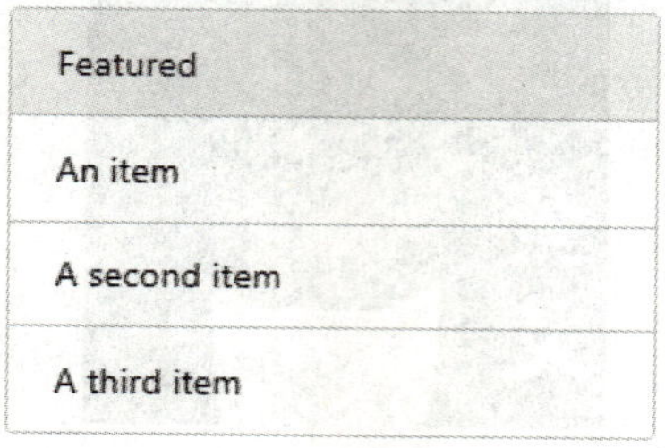

| Featured |
| An item |
| A second item |
| A third item |

图 6 –59　效果（2）

```
< div class = "card" style = "width: 18rem;">
     < ul class = "list – group list – group – flush">
          < li class = "list – group – item">An item </li >
          < li class = "list – group – item">A second item </li >
```

```
        < li class = "list - group - item">A third item </li >
    </ul >
    <div class = "card - footer">
        Card footer
    </div >
</div >
```

An item

A second item

A third item

Card footer

图 6 – 60　效果（3）

```
<div class = "card" style = "width: 18rem;">
    < img src = "../img/lanhuasmall01.jpg" class = "card - img - top">
    <div class = "card - body">
        <h5 class = "card - title">兰花 </h5 >
        <h6 class = "card - subtitle mb - 2">紫灵 </h6 >
        <p class = "card - text">为兰花中的传统名品,叶子幽绿,花瓣清雅,独有的花色,
给人一种不一样的视觉享受。</p >
    </div >
    <ul class = "list - group list - group - flush">
        <li class = "list - group - item">项目 1 </li >
        <li class = "list - group - item">项目 2 </li >
        <li class = "list - group - item">项目 3 </li >
    </ul >
    <div class = "card - body">
        <a href = "#" class = "card - link">了解更多 </a >
        <a href = "#" class = "card - link">立即下载 </a >
    </div >
</div >
```

卡片没有特定的 width，除非另有声明，否则它们的宽度将是 100%。可以根据需求自定义 CSS、网格系统或工具来进行调整。

使用 Bootstrap 导航元件向卡片的标题（或块）添加一些导览。

```
<div class = "">用卡片和导航组件实现导览 </div >
<div class = "card text - center">
    <div class = "card - header">
        <ul class = "nav nav - tabs card - header - tabs">
            <li class = "nav - item">
                <a class = "nav - link active" data - toggle = "tab" href = "#zi -
ling">紫灵 </a >
```

```
            </li>
            <li class = "nav-item">
                <a class = "nav-link" data-toggle = "tab" href = "#yumeiren">
虞美人</a>
            </li>
            <li class = "nav-item">
                <a class = "nav-link" data-toggle = "tab" href = "#jymt">金
玉满堂</a>
            </li>
        </ul>
    </div>
    <div class = "tab-content">
        <div class = "card-body tab-pane active" id = "ziling">
            <h5 class = "card-title">紫灵</h5>
            <p class = "card-text">为兰花中的传统名品,叶子幽绿,花瓣清雅,独有的
花色,给人一种不一样的视觉享受。</p>
            <a href = "#" class = "btn btn-primary">了解更多</a>
        </div>
        <div class = "card-body tab-pane" id = "yumeiren">
            <h5 class = "card-title">虞美人</h5>
            <p class = "card-text">虞美人......</p>
            <a href = "#" class = "btn btn-primary">了解更多</a>
        </div>
        <div class = "card-body tab-pane fade" id = "jymt">
            <h5 class = "card-title">金玉满堂</h5>
            <p class = "card-text">金玉满堂......</p>
            <a href = "#" class = "btn btn-primary">了解更多</a>
        </div>
    </div>
</div>
```

使用卡片列表组和徽章来完成如图 6-61 所示页面效果。

整个卡片占四个栅格,卡片宽度是 100%,就是占据四个栅格的 100%。默认卡片是有边框的,设置背景颜色为 bg-light。但是效果图中是无边框并且加了阴影,所以设置的类为 <div class = "cardw-100 border-0 shadow bg-light" style = "height:350 px;">。

整个卡片分为两部分:一部分是卡片的头,另外一部分是卡片主体。

卡片头分为三部分:标题部分、副标题部分和更多的链接部分,上边有一个带有颜色的边框。

图 6-61 新闻动态页面效果

标题使用 h5 标签,副标题使用 small 标签,加上文本的较淡的颜色 text-muted。因为 h5 标签是一个块级标签,所以标题和副标题不在一行上,可以设置 h5 标签为 d-inline-block。可以将副标题 small 放在 h5 标签内,设置副标题 ml-2,使它和主标题分开一点距离。

　　更多这一部分超链接也设置为行级块 d – inline – block，使之与其他内容在一行，字体变小一些，设置成 14 px，颜色设置为 text – dark – 5，并且右对齐，需要将卡片头部分设置为弹性盒子，然后设置更多的 ml – auto。

　　将卡片头部的背景颜色设置为 bg – write，并且设置头部有上边框 border – top，颜色为警告色 border – warning。

```
<<div class = "card – header d – flex bg – white border – top border – warning border –
bottom – 0">
        <h5 class = "d – inline – block">最新动态 <small class = "ml – 2 text – muted">
EduWork </small > </h5 >
        <div class = "d – inline – block ml – auto">
                <a class = "text – black – 50" style = "font – size:14px;" href = "#">更多
&gt;&gt; </a >
        </div >
    </div >
```

　　卡片主体部分使用一个列表组完成。列表组的链接使用 card – link。文本颜色使用 text-dark。文本内使用文本截取类 text – truncate，将该类放在列表项 li 当中。可以根据列表项总的项目数来调整行高和字体大小。列表项有默认的内边距，可以设置如下代码：

```
<ul class = "list – group" style = " line – height:28px;font – size:15px;">
        <li class = "list – group – item py –1 border – 0 text – truncate">
            <a class = "text – dark card – link" href = "#">
                <span class = "badge badge – warning">1 </span >华为大数据报告
            </a >
        </li >
```

　　完整代码如下：

```
<div class = "container mt – 4">
        <div class = "row">
                <div class = "col –12 col –lg – 4 mb – 2">
                        <div class = "card w –100 border – 0 shadow bg – light" style =
"height:300 px;">
                            <div class = "card – header d – flex bg – white border – top
border – warning border – bottom – 0">
                                <h5 class = "d – inline – block">最新动态 <small class
= "ml – 2 text – muted">latest news </small > </h5 >
                                    <div class = "d – inline – block ml – auto">
                                        <a class = "text – black – 50" style = "font – size:
14 px;" href = "#">更多 &gt;&gt; </a >
                                    </div >
                                </div >

                            <ul class = "list – group" style = "line – height:30px;">
                                <li class = "list – group – item py –1 border – 0 text – truncate">
                                    <a class = "text – dark card – link " href = "#">
                                        <span class = "badge badge – warning">1 </span >华为大数据报告
```

```
                            </a>
                        </li>
                        <li class = "list - group - item py - 1 border - 0 text - truncate">
                            <a class = "text - dark card - link " href = "#">
                                <span class = "badge badge - warning">2 </span> 五一假期好
去处
                            </a>
                        </li>
                        <li class = "list - group - item py - 1 border - 0 text - truncate">
                            <a class = "text - dark card - link " href = "#">
                                <span class = "badge badge - warning">3 </span> 全
球疫情最新情况
                            </a>
                        </li>
                        <li class = "list - group - item py - 1 border - 0 text - truncate">
                            <a class = "text - dark card - link " href = "#">
                                <span class = "badge badge - dark">4 </span> 消费者维权
                            </a>
                        </li>
                        <li class = "list - group - item py - 1 border - 0 text - truncate">
                            <a class = "text - dark card - link " href = "#">
                                <span class = "badge badge - dark">5 </span> 中华人民共
和国国家卫生健康委员会
                            </a>
                        </li>
                        <li class = "list - group - item py - 1 border - 0 text - truncate">
                            <a class = "text - dark card - link " href = "#">
                                <span class = "badge badge - dark">6 </span> 国家专利 - 专
利申请入口
                            </a>
                        </li>

                    </ul>
                </div>
            </div>
        </div>
```

任务总结

通过本任务的学习，知道了许多网站顶部和底部的广告经常使用大屏幕 jumbotron 来制作。可以通过设计列表、按钮、链接等元素来制作动态列表组，在网页中有广泛应用。将要布局的内容放置到卡片状容器中，可以制作新闻动态效果。

 使用工具提示框 tooltip、弹出框 popover、模态框 modal

 任务描述

Bootstrap4 中的提示框 tooltip、弹出框 popover 主要起信息提示作用，模态框 modal 与用户进行交互。6.5.1 节完成提示框小的弹窗，当鼠标移动到元素上时显示，鼠标移到元素外消失的效果。6.5.2 节完成鼠标单击元素后显示弹窗的效果。6.5.3 节完成模态框设置，为网站添加醒目的提示和交互。

任务实施

6.5.1　Bootstrap 提示框（tooltip）

提示框（tooltip）是一个小小的弹窗，当鼠标移动到元素上时显示，鼠标移到元素外消失，它依赖于 Popper.js。如果想在网页上使用该插件，需要用下面的代码初始化所有 tooltip。

```
<script>
    $(document).ready(function(){
        $('[data-toggle="tooltip"]').tooltip();
    });
</script>
```

通过向元素添加 data-toggle="tooltip" 来创建提示框，title 属性的内容为提示框显示的内容，例如 <a href="#" data-toggle="tooltip" title="我是提示内容!">鼠标移动到我这儿</a>。

指定提示框的位置，默认情况下提示框显示在元素上方，可以使用 data-placement 属性来设定提示框显示的方向：top、bottom、left 或 right。部分代码如下，效果如图 6-62 所示。

```
    <a href="#" data-toggle="tooltip" data-placement="top" title="在上边弹出提示内容!">上边弹出提示</a>
    <a href="#" data-toggle="tooltip" data-placement="bottom" title="在下边弹出提示内容!">下边弹出提示</a>
    <a href="#" data-toggle="tooltip" data-placement="left" title="在左边弹出提示内容!">左边弹出提示</a>
    <a href="#" data-toggle="tooltip" data-placement="right" title="在右边弹出提示内容!">右边弹出提示</a>
```

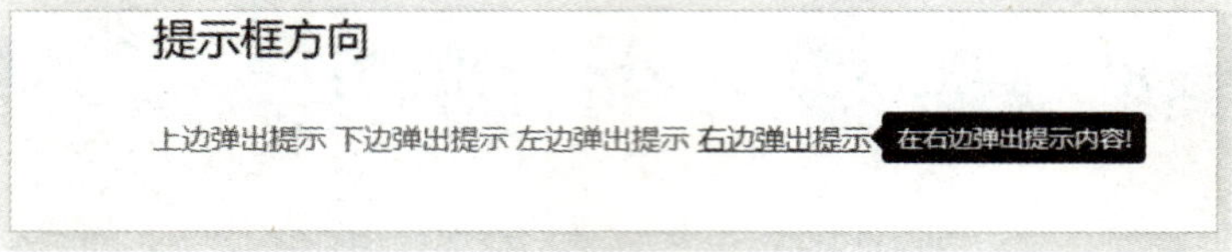

图 6 - 62　提示弹出框的方向

提示弹出框也可以在按钮中使用，提示内容添加 HTML 标签，需要设置 data - html = "true"，内容放在 title 标签里面，如图 6 - 63 所示。

```
<button type = "button" class = "btn btn - secondary" data - toggle = "tooltip" data -
placement = "top" data - html = "true" title = "<em>Tooltip</em><u>with</u><b>
HTML</b>">
    按钮带提示框
</button>
```

Tooltip <u>with</u> **HTML**

按钮带提示框

图 6 - 63　按钮带提示框

6.5.2　Bootstrap 弹出框（popover）

弹出框控件 popover 类似于提示框 tooltip，它在鼠标单击元素后显示。与提示框不同的是，它可以显示更多的内容。弹出框要写在 jQuery 的初始化代码里，然后在指定的元素上调用 popover() 方法。以下是可以在文档的任何地方使用弹出框的代码。

```
$(document).ready(function(){
$('[data - toggle = "popover"]').popover();
});
```

通过向元素添加 data - toggle = "popover" 来创建弹出框。title 属性的内容为弹出框的标题，data - content 属性显示弹出框的文本内容。

默认情况下，弹出框显示在元素右侧。可以使用 data - placement 属性来设定弹出框显示的方向：top、bottom、left 或 right。也可以在按钮中使用。

默认情况下，弹出框在再次单击指定元素后就会关闭，可以使用 data - trigger = "focus" 属性来设置在鼠标单击元素外部区域时关闭弹出框。

如果想实现当鼠标移动到元素上显示，移除后消失的效果，可以使用 data - trigger 属性，并设置值为"hover"。

上面叙述的代码如下，效果如图 6 - 64 所示。

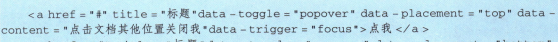

```
<a href = "#" title = "标题"data-toggle = "popover" data-placement = "top" data-
content = "点击文档其他位置关闭我"data-trigger = "focus">点我 </a>
<a href = "#" title = "标题"data-toggle = "popover" data-placement = "bottom"
data-content = "向下弹出内容">点我 </a>
<a href = "#" title = "标题"data-toggle = "popover" data-placement = "left" data-
content = "向左弹出内容">点我 </a>
<a href = "#" title = "标题"data-toggle = "popover" data-placement = "right" data-
trigger = "hover" data-content = "向右弹出内容">点我 </a>
```

图 6-64　弹出框

6.5.3　Bootstrap 模态框（modal）

模态框（modal）是覆盖在父窗体上的子窗体。Bootstrap 的 JavaScript 模态框插件可以为网站添加醒目的提示和交互，用于通知用户、访客交互、消息警示等。示例如下，效果如图6-65 所示。

图 6-65　模态框

```
<h3 >创建模态框(modal)</h3 >
<!--按钮触发模态框 -->
<button class = "btn btn-primary btn-lg" data-toggle = "modal" data-target =
"#myModal">
    演示开始模态框
</button >
<!--模态框(modal)-->
<div class = "modal" id = "myModal">
    <div class = "modal-dialog">
        <div class = "modal-content">
            <!--1 模态框头部 -->
            <div class = "modal-header">
                <h4 class = "modal-title">模态框(modal)标题 </h4 >
```

```
                          < button type = "button" class = "close" data - dismiss = "mo-
dal">&times;</button >
                    </div >
                    <!--2 模态框主体 -->
                    <div class = "modal - body">
                        在这里是模态框主体内容区
                    </div >
                    <!--3 模态框底部 -->
                    <div class = "modal - footer">
                        < button type = "button" class = "btn btn - default" data - dis-
miss = "modal">关闭 </button >
                    </div >
                </div >
            </div >
        </div >
```

可以设置模态框尺寸，通过添加 . modal – sm 类来创建一个小模态框，. modal – lg 类可以创建一个大模态框。尺寸类放在 < div > 元素的 . modal – dialog 类后，小模态框： < div class = "modal – dialog modal – sm" >，大模态框： < div class = "modal – dialog modal – lg" >。

（1）移除动画效果

如果只要弹出模态而不需要淡入淡出效果，从模态窗元素中定义移除即可，代码为：aria – hidden = "true"。例如：

```
< div class = "modal" tabindex = " - 1" role = "dialog" aria - labelled by = "..."
aria - hidden = "true">
   ...
   </div >
```

（2）动态高度

如果模态的高度在打开时发生变化，则应调用 code class = "highlighter – rouge" > $('#my-Modal').data('bs. modal').handleUpdate( ) 或 $('#myModal').modal('handleUpdate') 重新调整模态框的位置，以防滚动条出现。

（3）无障碍易用性处理

务必在 . modal 和 role = "document" 模态框标题的 . modal – dialog 中添加 . modal – dialog 和 aria – labelled by = "···"。另外，可以使用 . modal 上的 aria – descript by 来描述动态视窗，优化无障碍浏览。

（4）嵌入 YouTube 视频

嵌入 YouTube 视频的模式需要额外的 JavaScript，同时，Bootstrap 不能提供自动停止播放和更多控制功能。

（5）尺寸大小选项（图 6 – 66）

模态框有两个可选大小，分别是 . bd – example – modal – lg 和 . bd – example – modal – sm，这些尺寸会在某些中断点进行调整，以避免在较小的 viewport 窗口上出现水平滚动条。可以通过 class 定义 . modal – dialog。

Size	Class	Modal max-width
Small	.modal-sm	300px
Default	None	500px
Large	.modal-lg	800px
Extra large	.modal-xl	1140px

图 6 – 66　模态框尺寸大小选项

 **任务描述**

完成让模态框和警告框消失的关闭按钮设置。

 任务实施

通过使用一个象征关闭的图标，可以让模态框和警告框消失。使用类 . close 可以得到关闭图标。下面是关闭图标示例。

```
< button type = "button" class = "close" aria – label = "Close">
    < span aria – hidden = "true">&times; </ span >
</ button >
```

 **任务总结**

通过本任务可知，Bootstrap 中的提示框 tooltip 是鼠标移到元素上显示、移出元素外消失，弹出框 popover 是鼠标单击元素后显示弹窗，这两种主要起信息提示作用。模态框 modal 是覆盖在父窗体上的子窗体，与用户进行交互，交互完成后，父窗体可用。

任务 6.6　使用 carousel 实现轮播

任务描述

在网页中经常看到轮播效果，本任务利用 Bootstrap 中的 carousel 插件制作循环滚动的幻灯片效果。

任务实施

Bootstrap 的 carousel 插件是一种灵活的响应式的向站点添加滑块的方式，是一个循环滚动的幻灯片组件，如同旋转木马一般。轮播的内容可以是图像、内嵌框架、视频或者其他想要放置的任何类型的内容。如图 6 – 67 所示。

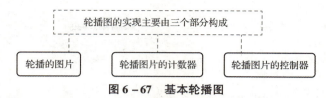

图 6 – 67　基本轮播图

轮播不带尺寸标准化处理，因此需要使用其他通用样式。可自定义样式来调整其大小，使之适当匹配。虽然轮播组件支持上一个/下一个控制和指令，但它们不是必备元素，可根据需要添加或自定义（展现不同的效果）。

1. 设计轮播容器和轮播项目

使用 . carousel 类设计轮播图片的容器，该类设置了定位方式，并为该容器添加 id，尤其是当在同一页面使用多个轮播效果时，这是必需的。同时，设置 data – ride 属性，取值为 carousel。data – ride = "carousel" 的作用是页面加载完成后自动进行轮播。

轮播项目放在类名为 carousel – inner 的 div 中，并把每一个项目再放入 carousel – item 类中，这个类设置了隐藏属性 display:none，所以不显示，想让一张显示出来，需要设置 div 的类为 active。

```html
<div id = "demo" data – ride = "carousel">
    <!--轮播图片 -->
<div class = "carousel – inner">
    <div class = "carousel – item active">
        < img src = "../img/lunbo/nature1.jpg">
    </div>
    <div class = "carousel – item">
        < img src = "../img/lunbo/nature2.jpg">
    </div>
    <div class = "carousel – item">
        < img src = "../img/lunbo/nature3.jpg">
    </div>
</div>
</div>
```

结果如图 6 – 68 所示。

图 6 – 68　仅有轮播图片效果

2. 设置轮播指示器

在轮播图设计的最外层，div 可以设置 . carousel 和 . slide 类，像这样 < div id = " demo" class = " carousel slide" data - ride = "carousel" >。类 . carousel 设置了一种定位方式，类 . slide 设置图片切换方式为滑动，也可以用 . carousel - fade 交替变化。用类 . carousel - indicators 设置轮播指示器（符），该类设置定位样式、短画线及类 . carousel - indicators 的子元素 < li > 的样式 cursor。cursor：pointer 设定鼠标的形状为一只伸出食指的手，并且设置 text - indent：- 999px，所以列表项内容就看不到了，< li > 设置为 active 类，就是设置一个短画线被选中。

```
<! -- 指示符 -->
<ul class = "carousel - indicators">
    <li class = "active"> </li >
    <li > </li >
    <li > </li >
</ul >
```

3. 设置指示器的单击响应

data - slide - to 属性用来传递某个帧的下标，下标从 0 开始计，可以直接跳转到这个指定的帧。data - target = "#demo" 属性指定是哪个元素，active 指定当前活动（选中）的元素。

data - toggle 指以什么形式显示，常用的如 modal、popover、tooltipsdropdown 等。data - target 指事件的元素或者对象，一起使用表示 data - target 所指的元素以 data - toggle 指定的形式显示。

```
<! -- 指示符 -->
<ul class = "carousel - indicators">
    <li data - target = "#demo" data - slide - to = "0" class = "active"> </li >
    <li data - target = "#demo" data - slide - to = "1"> </li >
    <li data - target = "#demo" data - slide - to = "2"> </li >
</ul >
```

结果如图 6 - 69 所示。

图 6 - 69　添加指示器

4. 添加左右箭头

类 . carousel – control – prev – icon：左箭头的图标；类 . carousel – control – next – icon：右箭头的图标；类 . carousel – control – prev：定位在左边，鼠标悬停时白色，无下划线；类 . carousel – control – next：定位在右边，鼠标悬停时白色，无下划线；属性 data – slide：接受关键字 prev 或 next，用来改变幻灯片相对于当前位置的位置。

```
<! --左右切换按钮-->
<a class = "carousel -control -prev" href = "#demo" data -slide = "prev">
    <span class = "carousel -control -prev -icon"> </span>
</a>
<a class = "carousel -control -next" href = "#demo" data -slide = "next">
    <span class = "carousel -control -next -icon"> </span>
</a>
```

结果如图 6 – 70 所示。

图 6 – 70   添加左右箭头

5. 在轮播图片上添加描述

在每个 < div class = "carousel – item" > 内添加 < div class = "carousel – caption" > 来设置轮播图片的描述文本，为图片添加描述。该类设置了描述内容的定位方式和文本字体等样式。如果是在小屏幕 sm 的浏览器 viewport 上，会自动隐藏（隐藏文字呈现主图片轮播），引用的是 . d – none；一旦到了中型 md 浏览设备或大屏幕，则调用 . d – md – block 样式使之呈现。

```
<div class = "carousel -caption d -none d -sm -block">
<h3 >第 3 张图片描述标题 </h3 >
<p >描述文字！ </p>
</div >
```

结果如图 6 – 71 所示。

6. 设置轮播图切换的时间间隔

使用属性 data – interval 设置轮播图的页面切换的时间间隔： < div id = "demo" class = "carousel slide" data – ride = "carousel" data – interval = "1000" > ，data – interval 默认的时间间隔是 5 000 ms，即 5 s。

图 6 –71　在图片上添加描述

任务总结

本任务完成了 Bootstrap 中使用 carousel 插件进行轮播效果的制作。轮播在页面中经常用到，轮播的内容可以是图像、视频或者其他内容。同时，可以设置轮播容器、轮播项目、轮播指示器、指示器的单击响应、左右箭头、轮播图片描述、轮播图切换的时间间隔等内容，使轮播的项目更精彩。

任务 6.7　使用 scrollspy 实现滚动监听

任务描述

完成对应菜单项目发生变化的滚动监听效果。

任务实施

滚动监听（scrollspy）插件，即自动更新导航插件，会根据滚动条的位置自动更新对应的导航目标。其基本的实现是随着鼠标或者滚动条的滚动，对应的菜单项目发生变化。它必须在 Bootstrap 的 navbar 导航栏或 listgroup 列表组上使用。当需要对 < body > 以外的元素进行监控时，需确保具有 height 高度值和属性 overflow – y:scroll。锚点 < a > 是必需的，并且必须指向一个 id。

以下实例演示了如何创建滚动监听：

①为想要监听的元素（通常是 body）添加 data – spy = " scroll"。

②添加 data – target 属性，它的值为导航栏的 id 或 class(. navbar)，这样就可以联系上可滚动区域。

③可滚动项元素上的 id(< div id = " section1" >)必须匹配导航栏上的链接选项(< a href = " #section1" >)。

④可选项 data – offset 属性用于计算滚动位置时，距离顶部的偏移像素默认为 10 px。

⑤设置相对定位：使用 data – spy = " scroll" 的元素。需要将其样式 position 属性设置为

relative 才能起作用。

```
< body data - spy = "scroll" data - target = "navbar" data - offset = "50" >
< nav class = "navbar navbar - expand - sm bg - dark navbar - dark fixed - top" >
    < ul class = "navbar - nav" >
        < li class = "nav - item" >
            < a class = "nav - link" href = "#section1" > 区块 1 </ a >
        </ li >
        < li class = "nav - item" >
            < a class = "nav - link" href = "#section2" > 区块 2 </ a >
        </ li >
        < li class = "nav - item" >
            < a class = "nav - link" href = "#section3" > 区块 3 </ a >
        </ li >
        < li class = "nav - item dropdown" >
            < a class = "nav - link dropdown - toggle" href = "#" id = "navbardrop"
data - toggle = "dropdown" >
                区块 4
            </ a >
            < div class = "dropdown - menu" >
                < a class = "dropdown - item" href = "#section41" > Link1 </ a >
                < a class = "dropdown - item" href = "#section42" > Link2 </ a >
            </ div >
        </ li >
    </ ul >
</ nav >
<! -- 第 1 部分内容 -- >
< div id = "section1" class = "container - fluid bg - success" >
    < h1 > 区块 1 </ h1 >
    < p > 滚动此部分并在滚动时查看导航列表！ </ p >
</ div >
<! -- 第 2 部分内容 -- >
< div id = "section2" class = "container - fluid bg - warning" >
    < h1 > 区块 2 </ h1 >
    < p > 滚动此部分并在滚动时查看导航列表！ </ p >
</ div >
<! -- 第 3 部分内容 -- >
< div id = "section3" class = "container - fluid bg - secondary" >
    < h1 > 区块 3 </ h1 >
    < p > 滚动此部分并在滚动时查看导航列表！ </ p >
</ div >
<! -- 第 4 -1 部分内容 -- >
< div id = "section41" class = "container - fluid bg - danger" >
    < h1 > 区块 4 子区域 1 </ h1 >
    < p > 滚动此部分并在滚动时查看导航列表！ </ p >
```

```
</div >
<!-- 第 4 -1 部分内容 -->
<div id = "section42"class = "container - fluid bg - info">
    <h1>区块 4 子区域 2</h1>
    <p>滚动此部分并在滚动时查看导航列表!</p>
</div >
</body >
```

同时设置相关样式:

```
body{position:relative; }
div{padding - top:70px;padding - bottom:70px; }
```

结果如图 6 - 72 所示。

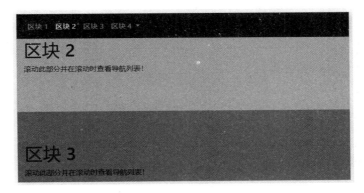

图 6 - 72　导航栏的滚动监听

上面代码演示的是导航栏的滚动监听,下面演示列表组的滚动监听,可以设置 p{height: 250px;},相关代码如下:

```
<body data - spy = "scroll" data - target = "#myScrollspy" data - offset = "1">
<div class = "row">
    <div class = "col -3">
        <div class = "list - group">
            <a href = "#item -1" class = "list - group - item list - group - item - ac-
tion">Item 1</a >
            <a href = "#item -2" class = "list - group - item list - group - item - ac-
tion">Item 2</a >
            <a href = "#item -3" class = "list - group - item list - group - item - ac-
tion">Item 3</a >
        </div >
    </div >
    <div class = "col -9">
```

```
        <div style = "position:relative;height:350px;overflow-y:scroll;"data-
spy = "scroll">
            <h4 id = "item-1">Item 1 </h4>
            <p>项目一的其他内容 </p>
            <h4 id = "item-2">Item 2 </h4>
            <p>项目二的其他内容 </p>
            <h4 id = "item-3">Item 3 </h4>
            <p>项目三的其他内容 </p>
        </div>
    </div>
</div>
</body>
```

结果如图 6 - 73 所示。

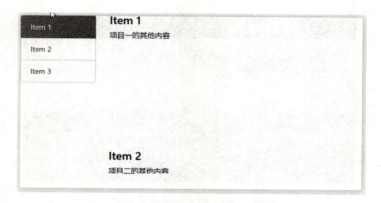

图 6 - 73　列表组的滚动监听

 **任务总结**

　　本任务完成了滚动监听效果，随着鼠标或者滚动条的变化，自动更新对应的导航目标，使对应的菜单项目发生变化。

任务6.8　使用 media 实现多媒体对象混排

 **任务描述**

　　利用 Bootstrap 的多媒体对象完成兰花的图文介绍。

 **任务实施**

　　Bootstrap 提供了很好的方式来处理多媒体对象（图片或视频）和内容的布局。应用场

景有博客评论、微博等。

　　要创建一个多媒体对象，可以在容器元素上添加 .media 类，然后将多媒体内容放到子容器上，子容器需要添加 .media – body 类，然后添加外边距、内边距等效果。下面是一个基础的多媒体对象的应用代码，效果如图 6 – 74 所示。

```
<div class = "media">
    <img src = "../img/lanhuasmall01.jpg" class = "mr – 3" width = "60px">
    <div class = "media – body">
        <h5 >紫灵 </h5 >紫灵仙子是四季兰,叶子油绿,花大浓香。绿色的叶片配上紫色的花朵,
别具新意。
    </div >
</div >
```

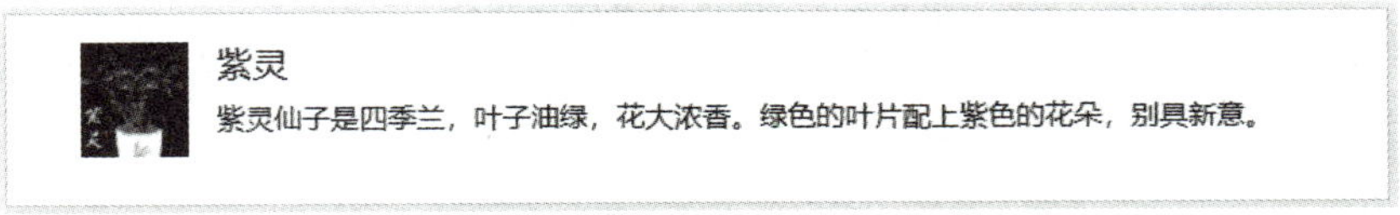

图 6 – 74　基础多媒体对象

　　多媒体对象还可以进行嵌套，一个多媒体对象中包含另外一个多媒体对象，可以把新的. media 容器放到 . media – body 容器中，代码如下，效果如图 6 – 75 所示。

```
<div class = "media border">
    <img src = "../img/lanhuasmall01.jpg" class = "mr – 3" width = "60px">
    <div class = "media – body">
        <h5 >紫灵 </h5 >紫灵仙子是四季兰,叶子油绿,花大浓香。绿色的叶片配上紫色的花朵,
别具新意。
        <div class = "media border">
            <img src = "../img/lanhuasmall02.jpg" class = "mr – 3" width = "60px">
            <div class = "media – body">
                <h5 >虞美人 </h5 >虞美人花朵艳丽,呈现深紫红色,很有观赏价值。
            </div >
        </div >
    </div >
</div >
```

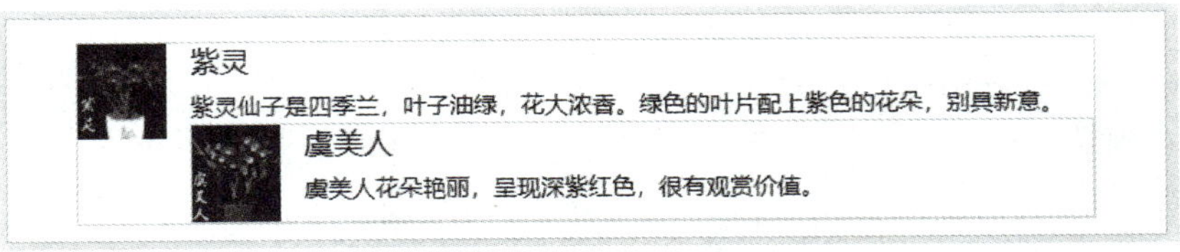

图 6 – 75　多媒体对象嵌套

　　要想将头像图片显示在右侧，可以在 . media – body 容器后添加图片，效果如图 6 – 76 所示。

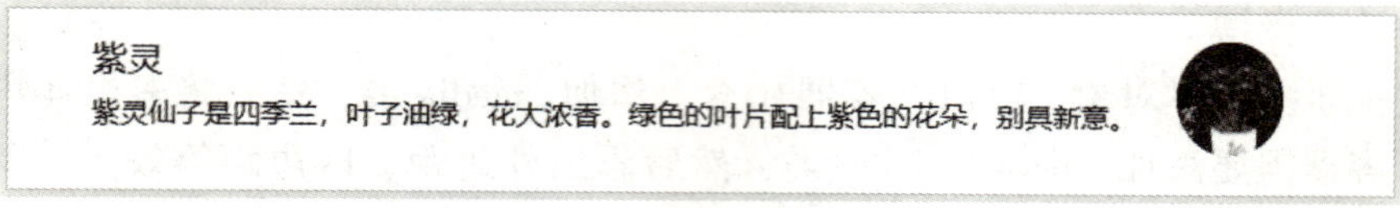

紫灵

紫灵仙子是四季兰，叶子油绿，花大浓香。绿色的叶片配上紫色的花朵，别具新意。

图 6 - 76　图片显示在右侧

媒体对象中的媒体可以与 flexbox 流式布局一样，实现对齐到顶部、中间、底部，自由便利，只要在 img 对象加上 . align - self - start/center/end 等属性，就可以设置多媒体对象的图片显示位置。图 6 - 77 和图 6 - 78 予以演示。

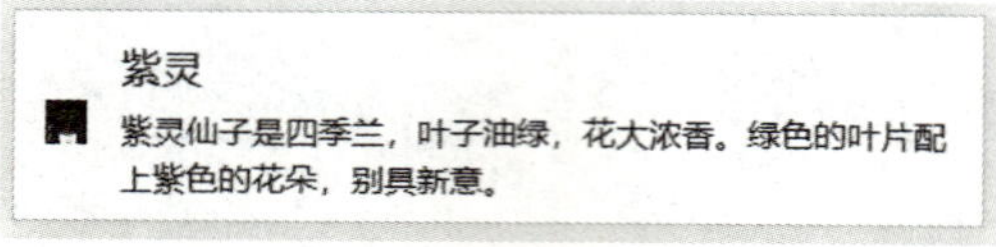

紫灵

■　紫灵仙子是四季兰，叶子油绿，花大浓香。绿色的叶片配上紫色的花朵，别具新意。

图 6 - 77　媒体对象居中对齐

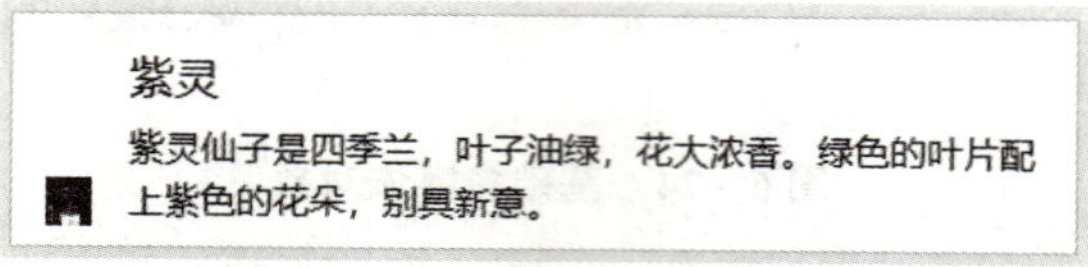

紫灵

紫灵仙子是四季兰，叶子油绿，花大浓香。绿色的叶片配
■　上紫色的花朵，别具新意。

图 6 - 78　媒体对象底部对齐

媒体对象的结构要求很少，还可以在列表元素上使用这些类，在 < ul > 或者 < ol > 中添加 . list - unstyled，从而删除浏览器默认列表样式，然后在 < li > 中添加 . media 元素块；也可以根据自己的需要进行间距调整。下面的代码予以演示：

```
<ul class = "list - unstyled">
    <li class = "media">
        < img src = "../img/lanhuasmall01.jpg" class = "mr - 3" width = "64">
        <div class = "media - body">
            <h5 >紫灵 </h5 >紫灵仙子是四季兰,叶子油绿,花大浓香。
        </div >
    </li >
    <li class = "media my - 4">
        < img src = "../img/lanhuasmall01.jpg" class = "mr - 3" width = "64">
        <div class = "media - body">
            <h5 >紫灵 </h5 >紫灵仙子是四季兰,叶子油绿,花大浓香。
        </div >
    </li >
    <li class = "media">
        < img src = "../img/lanhuasmall01.jpg" class = "mr - 3" width = "64">
        <div class = "media - body">
            <h5 >紫灵 </h5 >紫灵仙子是四季兰,叶子油绿,花大浓香。
        </div >
    </li >
</ul >
```

结果如图 6 - 79 所示。

图 6－79　列表元素上的媒体对象

 任务总结

　　媒体对象图文混排在页面中被广泛应用，通过本任务的学习，可知可以利用 . media、. media－body 等实现，同时，可以设置媒体的对齐方式，还可以在列表元素上使用这些类，从而达到多场合的布局效果。

任务 6.9　使用 alert 实现警告提示框

 任务描述

　　利用 Bootstrap 的警告框组件完成关闭按钮的警告框效果。

任务实施

　　警告框组件通过提供一些灵活的预定义消息，为用户动作提供常见的上下文反馈信息和提示，具有特殊的上下文样式。它们可以随意删除，并且可以有任何种类的标记。设置警报非常简单，从基本的 alert 类开始，有一些上下文类，可以使用不同的颜色提示成功、信息、警告和危险等，如图 6－80 所示。有几个类可用于内部内容，比如标题和链接。

```html
<div class = "alert alert－primary">这是主要警报</div>
<div class = "alert alert－secondary">这是次要警报</div>
<div class = "alert alert－success">这是成功警报</div>
<div class = "alert alert－danger">这是危险警报</div>
<div class = "alert alert－warning">这是警告警报</div>
<div class = "alert alert－info">这是信息警报</div>
<div class = "alert alert－light">This is a light alert</div>
<div class = "alert alert－dark">This is a dark alert</div>
```

　　尽管上面的这些类可以对信息进行着色以提供视觉指示，但是这些指示不会传达给辅助技术的用户。因此，如果某些内容很重要，可直接加入正文中，或者通过其他方式引用，例如使用 . sr－only 类隐藏这些必要的内容。

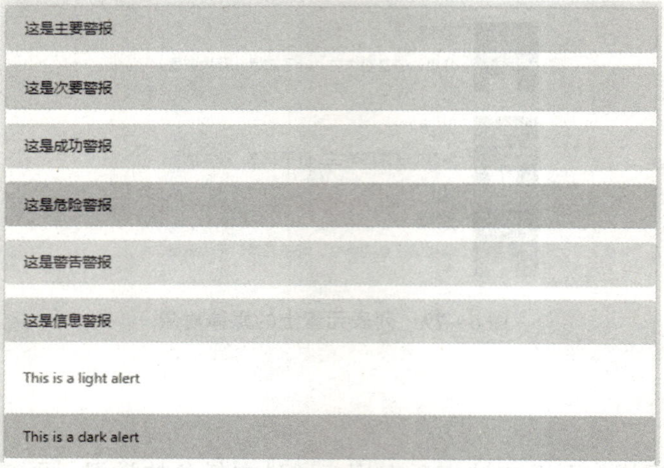

图 6 – 80　各种形式的警告提示框

在这些警报中，如果带有超链接，使用 . alert – link 类可以为带颜色的警告文本框中的链接添加加粗设置。下面进行示例演示，效果如图 6 – 81 所示。

```
< div class = "alert alert – primary">
      这是一个主要警报,并带有一个超链接 < a href = "#"class = "alert – link">警报中带有
alert – link 的超链接 </a >
   </div >
```

图 6 – 81　带有 . alert – link 类的超链接

在一个警示框中可以增加额外的 HTML 元素，比如标题、段落及分隔线。标题可以使用 . alert – heading 类修饰，比如下面的示例，效果如图 6 – 82 所示。

```
< div class = "alert alert – success">
      < h4 class = "alert – heading">标准体检 </h4 >
      < p >我们的标准体检提供超声波、X 光和牙齿清洁。 </p >
      < hr >
      < p class = "mb – 0">更多信息 </p >
   </div >
```

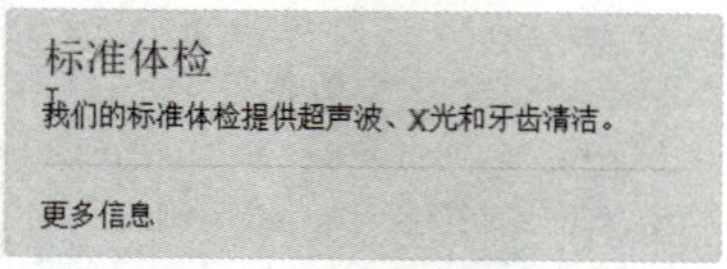

图 6 – 82　警示框增加其他元素

不需要警报的时候，可以选择关闭警报。使用 . alert 结合 JavaScript，可以实现关闭效果。因为要结合 JavaScript，所以先将 < script src = " jquery. min. js" type = " text/javascript" >

</script > 和 < script src = "bootstrap. js" type = "text/javascript" > </script >引入网页。

在容器中添加一个 . close 关闭按钮，使用 < button > 元素，以确保在所有设备上都能获得正确的行为响应，按钮上要增加 data – dismiss = "alert"触发 JavaScript 动作：< button type = "button" class = "close" data – dismiss = "alert" > × </button >。要在右上角定义一个关闭按钮效果，则需要在容器中引用 . alert – dismissible 类。

```
.alert-dismissible.close{
position:absolute;
top:0;
right:0;
padding:0.75rem 1.25rem;
color:inherit;
}
```

如果想要在关闭警报时有一些动画，则需确保添加 . fade 和 . show 样式，如图 6 – 83 所示。

```
<div class = "alert alert-success alert-dismissible fade show">
    <h4 class = "alert-heading">标准体检 </h4 >
    <p >我们的标准体检提供超声波、X 光和牙齿清洁。 </p >
    <hr >
    <p class = "mb-0">更多信息 </p >
    <button type = "button" class = "close" data-dismiss = "alert">&times;</button >
</div >
```

图 6 – 83　加关闭按钮的警告框

 **任务总结**

通过本任务，可知设置警报用 . alert 类再配合情景如成功、信息、警告和危险等一起使用，为用户提供上下文反馈信息。

任务 6.10　应用徽章（badge）

任务描述

利用 Bootstrap 的徽章（badge）完成各种徽章效果。

任务实施

徽章可以嵌在标题中，并通过标题样式来适配其元素大小，如图6-84所示。因为其本身是使用相对字体大小和 em 作为单位的，所以有良好的弹性。

```
<h1>夏季清爽运动鞋<span class = "badge badge - secondary">New</span></h1>
<h2>夏季清爽运动鞋<span class = "badge badge - secondary">New</span></h2>
<h3>夏季清爽运动鞋<span class = "badge badge - secondary">New</span></h3>
<h4>夏季清爽运动鞋<span class = "badge badge - secondary">New</span></h4>
<h5>夏季清爽运动鞋<span class = "badge badge - secondary">New</span></h5>
<h6>夏季清爽运动鞋<span class = "badge badge - secondary">New</span></h6>
```

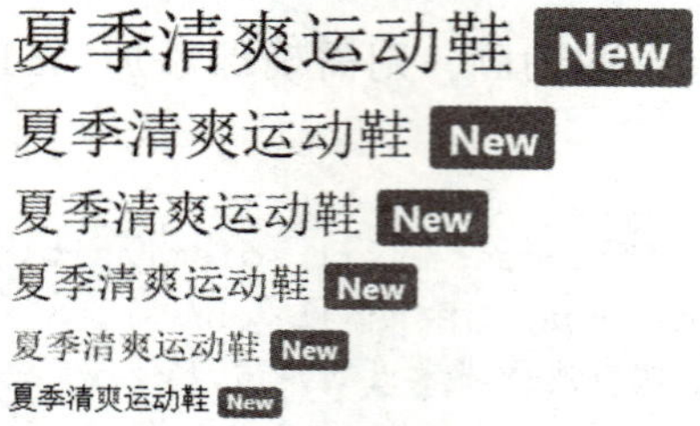

夏季清爽运动鞋 New

夏季清爽运动鞋 New

夏季清爽运动鞋 New

夏季清爽运动鞋 New

夏季清爽运动鞋 New

夏季清爽运动鞋 New

图 6 - 84 徽章嵌在标题

徽章可用作链接或按钮的一部分，以提供统计数字样式。

```
<button type = "button" class = "btn btn - primary">
    通知<span class = "badge badge - light">6</span>
</button>
<a href = "#"class = "btn btn - primary">
    通知<span class = "badge badge - light">6</span>
</a>
```

加入以下的 Class 样式来定义徽章颜色、大小等的变化，如图6-85所示。

```
<span class = "badge badge - primary">Primary</span>
<span class = "badge badge - secondary">Secondary</span>
<span class = "badge badge - success">Success</span>
<span class = "badge badge - danger">Danger</span>
<span class = "badge badge - warning">Warning</span>
<span class = "badge badge - info">Info</span>
<span class = "badge badge - light">Light</span>
<span class = "badge badge - dark">Dark</span>
```

Primary Secondary Success Danger Warning Info Light Dark

图 6 - 85 徽章的情景变化

使用 . badge – pill 样式，可以使标签更加圆润（具体有较大的边框半径 border – radius 和水平 padding），形成椭圆形胶囊标签，如图 6 – 86 所示。

```
< span class = "badge badge – pill badge – primary">Primary </span >
< span class = "badge badge – pill badge – secondary">Secondary </span >
< span class = "badge badge – pill badge – success">Success </span >
< span class = "badge badge – pill badge – danger">Danger </span >
< span class = "badge badge – pill badge – warning">Warning </span >
< span class = "badge badge – pill badge – info">Info </span >
< span class = "badge badge – pill badge – light">Light </span >
< span class = "badge badge – pill badge – dark">Dark </span >
```

Primary Secondary Success Danger Warning Info Light Dark

图 6 – 86　椭圆形胶囊徽章

. badge – * 也可以在 < a > 元素上使用，实现悬停、焦点、状态等效果，如图 6 – 87 所示。

```
< a href = "#" class = "badge badge – primary">Primary </a >
< a href = "#" class = "badge badge – secondary">Secondary </a >
< a href = "#" class = "badge badge – success">Success </a >
< a href = "#" class = "badge badge – danger">Danger </a >
< a href = "#" class = "badge badge – warning">Warning </a >
< a href = "#" class = "badge badge – info">Info </a >
< a href = "#" class = "badge badge – light">Light </a >
< a href = "#" class = "badge badge – dark">Dark </a >
```

Primary Secondary Success Danger Warning Info Light Dark

图 6 – 87　链接上使用徽章

任务总结

通过本任务，可知徽章主要用于突出显示新的或未读的项目，将 . badge 类加上带有指定意义的颜色类即可。使用 . badge – pill 类来设置药丸形状徽章，. badge 也可以在 < a > 元素上使用，实现悬停、焦点、状态等效果。

任务 6. 11　使用 progress 实现进度条

任务描述

利用 Bootstrap 的 . progress – bar 完成加条纹的进度条效果。

任务实施

进度条（progress）组件由两个 HTML 元素、一些用于设置宽度的 CSS 样式和一些其他属性组成。我们并未使用 HTML5 的 < progress > 元素，以确保可以垂直排列（堆叠）进度条（progress bar）并添加动画效果，以及在其上面放置文本标签。在设计的时候，使用 . progress 作为最外层元素，用于指示进度条的最大值。在内部使用 . progress – bar 来指示到目前为止的进度。. progress – bar 需要通过内联样式、工具类或自定义 CSS 属性来设置其宽度，. progress – bar 还需要一些 role 和 aria 属性来实现其可访问性，使其访问友好（无障碍）。

创建一个基本的进度条的步骤如下：添加一个带有 . progress 类的 < div >，接着在该 < div > 内添加一个带有 . progress – bar 的空的 < div >，该空的 < div > 添加一个带有百分比表示宽度的 style 属性，例如 style = "width:70%" 表示进度条在 70% 的位置。还可以调整进度条的高度，设置进度条上显示的文本。以下代码是演示案例，效果如图 6 – 79 所示。

```
<h3 >基本进度条、设置高度的进度条、进度条中显示文本 < /h3 >
<p >一个默认的进度条 < /p >
< div class = "progress" >
        < div class = "progress – bar" style = "width:10% " > < /div >
< /div >
<p >上面进度条高度默认为 16px。下面三个进度条高度分别为 10px、20px、30px < /p >
< div class = "progress" style = "height:10px;" >
        < div class = "progress – bar" style = "width:40% ;" > < /div >
< /div >
< br >
< div class = "progress" style = " height:20px;" >
        < div class = "progress – bar" style = "width:50% ;" > < /div >
< /div >
< br >
< div class = "progress" style = "height:30px;" >
        < div class = "progress – bar" style = "width:60% ;" >60% < /div >
< /div >
```

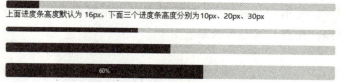

基本进度条、设置高度的进度条、进度条中显示文本
一个默认的进度条

上面进度条高度默认为 16px。下面三个进度条高度分别为10px、20px、30px

60%

图 6 – 88　基本进度条

进度条可以设置不同的颜色，还可以加上条纹，效果如图 6 – 89 所示。

设置不同颜色并且加条纹的进度条

可以使用 .progress-bar-striped 类来设置条纹进度条：

图 6-89　加条纹的进度条

```
<h3>设置不同颜色并且加条纹的进度条</h3>
<p>可以使用 .progress-bar-striped 类来设置条纹进度条：</p>
<div class = "progress">
      <div class = "progress-bar progress-bar-striped" style = "width:30%"></div>
</div>
<br>
<div class = "progress">
        <div class = "progress-bar bg-success progress-bar-striped" style =
"width:40%"></div>
</div>
<br>
<div class = "progress">
        <div class = "progress-bar bg-info progress-bar-striped" style =
"width:50%"></div>
</div>
<br>
<div class = "progress">
        <div class = "progress-bar bg-warning progress-bar-striped" style =
"width:60%"></div>
</div>
<br>
<div class = "progress">
        <div class = "progress-bar bg-danger progress-bar-striped" style =
"width:70%"></div>
</div>
```

可以设置混合色彩进度条，每种颜色占不同的比例。

```
<div class = "progress-bar bg-success" style = "width:40%">success</div>
<div class = "progress-bar bg-warning" style = "width:10%">Warning</div>
<div class = "progress-bar bg-danger" style = "width:20%">Danger</div>
```

条纹渐变也可以做成动画效果，将 .progress-bar-animated 加到 .progress-bar 上，即实现 CSS3 绘制的从右到左的动画效果。

```
<div class = "progress-bar progress-bar-striped progress-bar-animated"
style = "width:40%"></div>
```

 **任务总结**

通过本任务，可知进度条可以显示用户任务的完成过程和进度，可以设置不同颜色的进度条、条纹进度条、动画进度条及混合色彩进度条。

任务 6.12 应用 pagination 实现分页

任务描述

网页开发过程中，如果内容过多，一般都会进行分页处理。本任务利用 Bootstrap 的 pagination 实现分页。

任务实施

Bootstrap4 要创建一个基本的分页，可以在 <ul> 元素上添加 .pagination 类，然后在 <li> 元素上添加 .page-item 类，在超链接中加入 .page-link 类即可。

可以使用图标或符号代替某些分页链接的文本，比如使用图标 « 和 » 分别表示向前翻页和向后翻页。对于显示为不可点击的链接，使用 .disabled；显示处于活动状态的链接，使用 .active。.disabled 使用 pointer-events:none 来禁用 <a> 的链接功能，但该 CSS 属性尚未标准化，使用的时候要注意浏览器兼容性调试。下面的代码进行演示，效果如图 6-90 所示。

```
<ul class = "pagination">
    <li class = "page-item">
        <a href = "#"class = "page-link">首页</a>
    </li>
    <li class = "page-item">
        <a href = "#"class = "page-link">1</a>
    </li>
    <li class = "page-item disabled">
        <a href = "#" class = "page-link">2</a>
    </li>
    <li class = "page-item">
        <a href = "#" class = "page-link">3</a>
    </li>
    <li class = "page-item">
        <a href = "#" class = "page-link">下一页</a>
    </li>
</ul>
```

图 6 – 90　分页

如果需要更大或更小的分页，可以设置规格尺寸，在 < ul > 中添加 . pagination – lg 或 . pagination – sm 样式可以获得大规格或小规格尺寸的分页组件。

使用 flexbox 弹性布局通用样式，可用 . justify – content – center/end 更改分页组件的对齐方式。效果如图 6 – 91 所示。

图 6 – 91　分页的对齐方式

 任务总结

通过本任务，可知在网页开发过程中，如果内容过多，一般都会做分页处理。Bootstrap 要创建一个基本的分页，可以通过在 < ul > 元素上添加 . pagination 类，然后在 < li > 元素上添加 . page – item 类，在 < li > 元素的 < a > 标签上添加 . page – link 类实现。

任务 6.13　使用 collapse 实现折叠面板

 **任务描述**

利用 Bootstrap 的折叠功能实现内容的显示与隐藏。

任务实施

Bootstrap4 可以使用带 href 属性的链接或者带 data – target 属性的按钮来创建折叠效果，< a > 元素上使用 href 属性来代替 data – target 属性，这两种情况下，data – toggle = " collapse" 属性都是必需的，单击按钮后，会在隐藏与显示之间切换。. collapse 设置隐藏的内容。

下面的示例演示的是按钮或者超链接使用 id 实现内容的显示和隐藏，代码如下，效果如图 6 – 92 所示。

```
< p >
    < a class = "btn btn – primary" data – toggle = "collapse" href = "#myCollapse">
各大银行</a>
```

```
    <button class = "btn btn - primary" data - toggle = "collapse" data - target =
"#myCollapse">去转账</button>
    </p>
    <div class = "collapse" id = "myCollapse">
        <div class = "cardcard - body">
            建设银行、中国银行
        </div>
    </div>
```

图 6 – 92　单目标控制

下面的示例演示按钮或者超链接使用 class 实现内容的显示和隐藏。因为 class 可以相同，所以可以实现多个内容的显示与隐藏。代码如下，效果如图 6 – 93 所示。

```
    <p>
        <a href = ".myCol"class = "btn btn - primary" data - toggle = "collapse">各大银
行</a>
        <button class = "btn btn - primary" data - toggle = "collapse" data - target =
".myCol">去转账</button>
    </p>
    <div class = "row">
        <div class = "col">
            <div class = "collapse myCol">
                <div class = "card card - body">
                    建设银行、中国银行
                </div>
            </div>
        </div>
        <div class = "col">
            <div class = "collapse myCol">
                <div class = "card card - body">
                    自助服务、专属打造
                </div>
            </div>
        </div>
    </div>
```

图 6 – 93　多目标控制

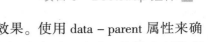

　　结合 card 卡片组件使用，可以扩展折叠组件为手风琴效果。使用 data – parent 属性来确保所有的折叠元素在指定的父元素下，这样就能实现在一个折叠选项显示时，其他选项隐藏的效果。代码如下，效果如图 6 – 94 所示。

```
< div id = "accordion">
< div class = "card">
    < div class = "card – header">
        < h5 class = "mb – 0">
            < button class = "btn btn – link" data – toggle = "collapse" data – target =
"#collapseOne">选项一 </button >
        </h5 >
    </div >
    < div class = "collapseshow" id = "collapseOne" data – parent = "#accordion">
        < div class = "card – body">
            选项一中的内容
        </div >
    </div >
</div >
< div class = "card">
    < div class = "card – header">
        < h5 class = "mb – 0">
            < button class = "btn btn – link" data – toggle = "collapse" data – target
= "#collapseTwo">选项二 </button >
        </h5 >
    </div >
    < div class = "collapse" id = "collapseTwo" data – parent = "#accordion">
        < div class = "card – body">
            选项二中的内容
        </div >
    </div >
</div >
</div >
```

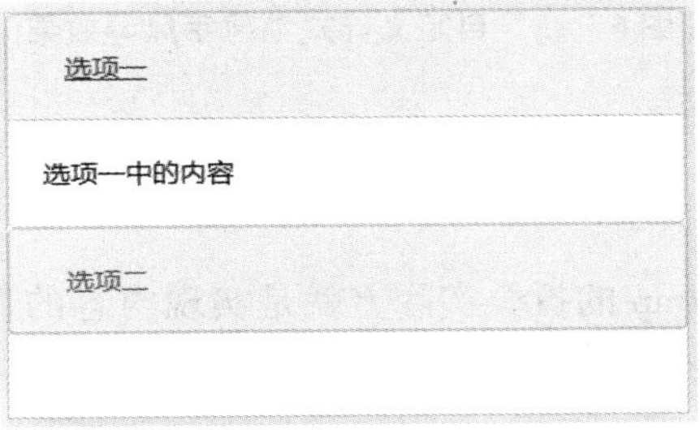

图 6 – 94　手风琴折叠范例

默认情况下折叠的内容是隐藏的，可以添加 .show 类让内容默认显示，也就是使用 .collapse. show 显示内容。

可以使用自定义样式创建手风琴效果，只需要添加 data－children 属性，并指定一组相邻元素来切换（如 .item），然后使用与上述相同的属性和 class 来切换/隐藏其关联的内容。代码如下，效果如图 6－95 所示。

```
<div id = "accordion"data － children = ".item">
    <div class = "item">
        <a href = "#collapseOne" data － toggle = "collapse"data － parent = "#accor-
dion">选项一 </a>
        <div class = "collapseshow" id = "collapseOne">
            <p>
                选项一中的内容
            </p>
        </div>
    </div>
    <div class = "item">
        <a href = "#collapseTwo" data － toggle = "collapse"data － parent = "#accor-
dion">选项二 </a>
        <div class = "collapse" id = "collapseTwo">
            <p>
                选项二中的内容
            </p>
        </div>
    </div>
</div>
```

图 6－95 自定义样式创建手风琴效果

 **任务总结**

通过本任务，可知 Bootstrap 的折叠实际上就是实现内容的显示与隐藏。collapse 类指定折叠元素，在 < a > 或 < button > 上添加 data － toggle = " collapse"属性，控制内容的隐藏与显示。

项目评价表

序号	学习目标	学生自评
1	能够设计 Bootstrap 导航栏	□能够熟练使用导航栏、下拉菜单 □需要参考教材内容才能实现 □遇到问题不知道如何解决
2	能够使用大屏幕、列表组、卡片、媒体对象布局网页相关内容	□能够熟练操作 □需要参考相应的代码才能实现 □无法独立完成程序的设计
3	能够使用轮播、分页、滚动监听设计网页内容与效果	□能够熟练使用相关类进行操作 □需要参考相应的代码才能实现 □无法独立完成程序的设计

评价得分			
学生自评得分 （20%）	学习成果得分 （60%）	学习过程得分 （20%）	项目综合得分

项目小结

　　组件是软件系统的一部分，承担了特定的职责，可以独立于整个系统进行开发。一个设计良好的组件可以在不同的软件系统中被使用。Bootstrap 常用的组件有轮播图、下拉菜单、响应式导航栏等。

项目 7

Bootstrap4综合实战

任务7.1　兰花赏析页面制作

**任务描述**

本任务是利用 Bootstrap 知识制作兰花赏析页面。

**任务实施**

利用学过的 Bootstrap4 的相关知识，制作如图 7-1 和图 7-2 所示页面效果。图 7-1 所示为兰花赏析屏幕尺寸大于等于 576 px 的效果图，图 7-2 所示为兰花赏析屏幕尺寸小于 576 px 的效果图。制作的页面响应了两种屏幕尺寸。

首先分析页面的总体布局，共分为 5 部分：网页的头部 < header >、轮播图部分 < section >、兰花具体介绍部分 < section >、兰花新闻部分 < section >、页脚 < footer > 部分，如图 7-3 所示。

创建兰花欣赏.html 文件，在页面中引入 Bootstrap 中的 JS 和 CSS 样式，并书写结构代码。

网页的头部 header 是一个导航栏，并且是一个响应式导航栏，有品牌、汉堡按钮等内容。可以在不同屏幕上折叠和显示导航栏的相关内容。

图 7-1　兰花赏析屏幕尺寸大于等于 576 px 的效果

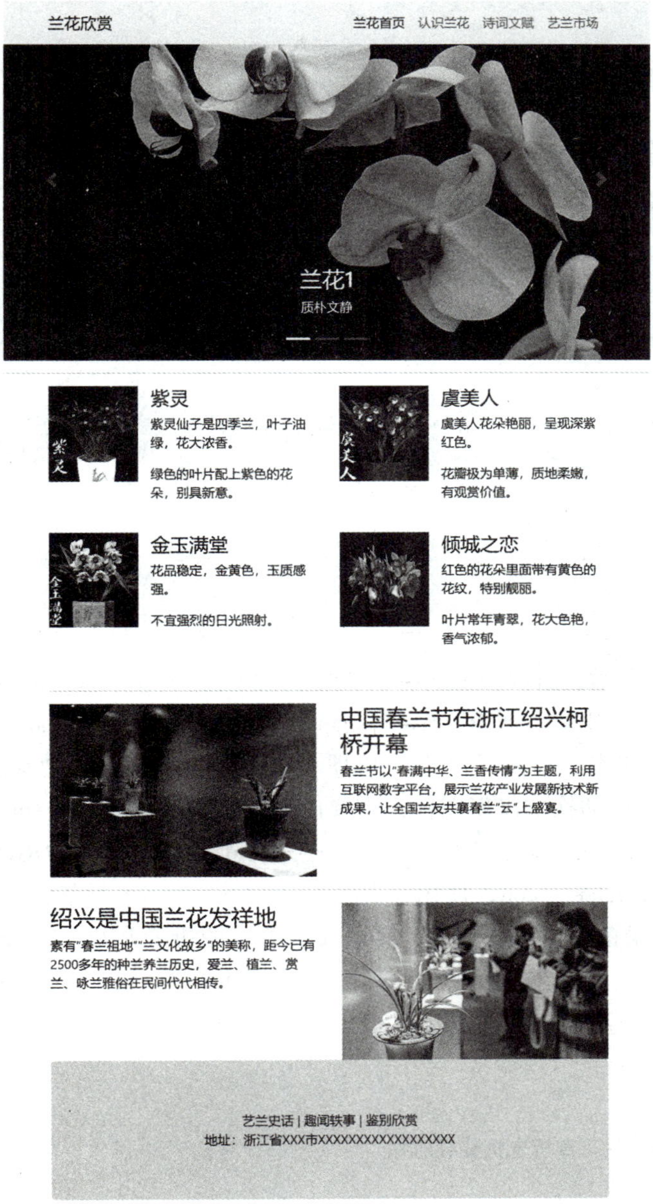

紫灵

紫灵仙子是四季兰，叶子油绿，花大浓香。

绿色的叶片配上紫色的花朵，别具新意。

虞美人

虞美人花朵艳丽，呈现深紫红色。

花瓣极为单薄，质地柔嫩，有观赏价值。

金玉满堂

花品稳定，金黄色，玉质感强。

不宜强烈的日光照射。

倾城之恋

红色的花朵里面带有黄色的花纹，特别靓丽。

叶片常年青翠，花大色艳，香气浓郁。

中国春兰节在浙江绍兴柯桥开幕

春兰节以"春满中华、兰香传情"为主题，利用互联网数字平台，展示兰花产业发展新技术新成果，让全国兰友共襄春兰"云"上盛宴。

绍兴是中国兰花发祥地

素有"春兰祖地""兰文化故乡"的美称，距今已有2500多年的种兰养兰历史，爱兰、植兰、赏兰、咏兰雅俗在民间代代相传。

艺兰史话 | 趣闻轶事 | 鉴别欣赏
地址：浙江省XXX市XXXXXXXXXXXXXXXX

图 7－2　兰花赏析屏幕尺寸小于 576 px 的效果

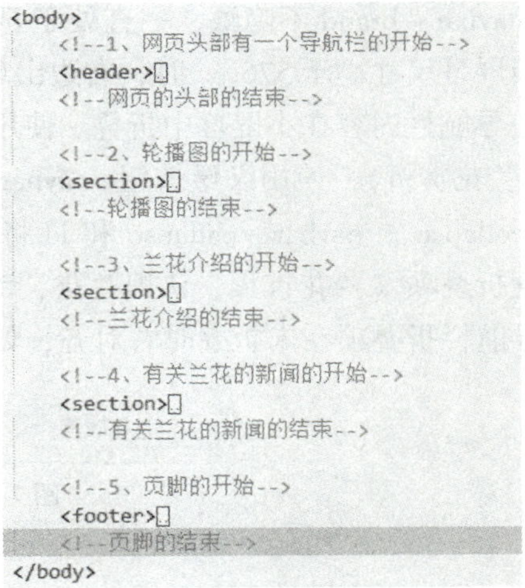

```
<body>
    <!--1、网页头部有一个导航栏的开始-->
    <header>□
    <!--网页的头部的结束-->

    <!--2、轮播图的开始-->
    <section>□
    <!--轮播图的结束-->

    <!--3、兰花介绍的开始-->
    <section>□
    <!--兰花介绍的结束-->

    <!--4、有关兰花的新闻的开始-->
    <section>□
    <!--有关兰花的新闻的结束-->

    <!--5、页脚的开始-->
    <footer>□
    <!--页脚的结束-->
</body>
```

图 7－3　兰花赏析页面总布局

```
<header>
<nav class="navbar navbar-expand-sm bg-light navbar-light fixed-top">
<div class="container">
    <a href="#" class="navbar-brand">兰花欣赏</a>
    <button class="navbar-toggler" data-toggle="collapse" data-target="#navbar-collapse">
        <span class="navbar-toggler-icon"></span>
```

```
    </button>
    <div class="collapse navbar-collapse" id="navbar-collapse">
    <ul class="navbar-nav  ml-auto">
        <li class="nav-item active">
            <a href="#" class="nav-link">兰花首页</a>
        </li>
        <li class="nav-item">
            <a href="#" class="nav-link">认识兰花</a>
        </li>
        <li class="nav-item">
            <a href="#" class="nav-link">诗词文赋</a>
        </li>
        <li class="nav-item">
            <a href="#" class="nav-link">艺兰市场</a>
        </li>
    </ul>
    </div>
    </nav>
    </header>
```

在页面头部 header 中，导航栏通栏显示，所以不使用容器类，或者使用 . container-fluid 类。对于导航栏的设计要求：固定在网页上部，使用 . fixed-top；左侧是品牌名称，品牌 . navbar-brand 不隐藏，一直处于显示状态，右侧是其他菜单项 < ul class="ml-auto">。当屏幕尺寸小于 576 px 时，右边出现用于切换的汉堡图标，需要设置 . navbar-expand-sm，使导航栏内容在小屏幕中折叠。使用 < a > </a> 标签和类 . navbar-brand 实现导航栏 LOGO （兰花赏析），使用汉堡按钮 . navbar-toggler-icon，使用 < div >、< ul >、< li > 标签，类 . collapse、. navbar-collapse 和 id 将汉堡按钮与 div 链接，实现导航项目的折叠和显示。设置折叠项（兰花首页、认识兰花、诗词文赋、艺兰市场），如图 7-4 所示。类 . ml-auto 使导航栏折叠项在未折叠时右对齐，如图 7-5 所示。

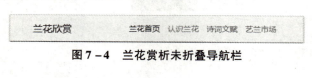

图 7-4　兰花赏析未折叠导航栏

图 7-5　兰花赏析折叠导航栏

接下来设计轮播图。轮播图也是通栏显示，所以与上面一样，可以选择使用 container-fluid 容器类，或者不用容器类。利用轮播图框架设置为有控制器的效果和姿态指示器效果。由于图片不够大，所以要为图片添加颜色与之相近的背景。利用 div 标签和 carousel-caption 为图片添加描述，设置轮播文字描述在小屏幕上消失，在 carousel-caption 中添加类 . d-none 使文字描述消失，添加类 . d-sm-block 使文字描述在大屏幕中显示。代码如下，效果如图 7-6 和图 7-7 所示。

图 7 - 6　兰花赏析屏幕尺寸大于等于 576 px 的轮播图效果

图 7 - 7　兰花赏析屏幕尺寸小于 576 px 的轮播图效果

```html
<ul class = "carousel - indicators">
        <li class = "active" data - target = "#myCarousel" data - slide - to = "0">
</li >
        <li data - target = "#myCarousel" data - slide - to = "1"> </li >
        <li data - target = "#myCarousel" data - slide - to = "2"> </li >
</ul >
<a href = "#myCarousel" data - slide = "prev" class = "carousel - control - prev">
    <span class = "carousel - control - prev - icon"> </span >
</a >
<a href = "#myCarousel" data - slide = "next" class = "carousel - control - next">
    <span class = "carousel - control - next - icon"> </span >
</a >
```

　　将轮播图片设置为水平居中：. carousel - item img｛display：block；margin：0auto；｝，同时，可以增加每个轮播图片所在区域的背景色，弥补图片宽度不合适的情况。

```
< div id = "myCarousel" class = "carouselslide">
    < ! --指示符姿态指示器 -->
    < ul class = "carousel - indicators">
        < li class = "active" data - target = "#myCarousel" data - slide - to = "0">
</li>
        < li data - target = "#myCarousel" data - slide - to = "1"> </li>
        < li data - target = "#myCarousel" data - slide - to = "2"> </li>
    </ul>
    <!--轮播图片 -->
    < div class = "carousel - inner">
        < div class = "carousel - item active" style = "background:#091B05;">
            < img src = "img/lan01.jpg">
            < div class = "carousel - caption d - none d - sm - block">
                <h3 >兰花 1 </h3 >
                <p >质朴文静 </p >
            </div >
        </div >
        < div class = "carousel - item" style = "background:#3F3E29;">
            < img src = "img/lan02.jpg">
            < div class = "carousel - caption d - none d - sm - block">
                <h3 >兰花 2 </h3 >
                <p >淡雅高洁 </p >
            </div >
        </div >
        < div class = "carousel - item" style = "background:#091B05;">
            < img src = "img/lan03.jpg">
            < div class = "carousel - caption d - none d - sm - block">
                <h3 >兰花 3 </h3 >
                <p >高洁典雅 </p >
            </div >
        </div >
    </div >
    <!--左右切换按钮控制器 -->
    < a href = "#myCarousel" data - slide = "prev" class = "carousel - control - prev">
        < span class = "carousel - control - prev - icon"> </span >
    </a >
    < a href = "#myCarousel" data - slide = "next" class = "carousel - control - next">
        < span class = "carousel - control - next - icon"> </span >
    </a >
</div >
```

接下来设置网页的主体部分。这一部分是放在容器 container 中的。首先将 4 种兰花的介绍显示在轮播图的下面，分两行，每一行的内容在小屏幕（大于等于 576 px）中分为左、右两部分，小于该屏幕尺寸后，内容垂直堆叠显示。这一部分是兰花图片展示以及对每种兰花的介绍，所以使用媒体对象 .media 实现效果。图片中使用 style = "width:100 px" 规定图片大小，类 .mr - 3 设置图片边缘与右边文字间距，在 media - body 中写入文字内容，如图 7 - 8 所示。

紫灵
紫灵仙子是四季兰，叶子油绿，花大浓香。
绿色的叶片配上紫色的花朵，别具新意。

虞美人
虞美人花朵艳丽，呈现深紫红色。
花瓣极为单薄，质地柔嫩，有观赏价值。

金玉满堂
花品稳定，金黄色，玉质感强。
不宜强烈的日光照射。

倾城之恋
红色的花朵里面带有黄色的花纹，特别靓丽。
叶片常年青翠，花大色艳，香气浓郁。

图 7 - 8　兰花介绍

```
< section >
< div class = "container" >
< div class = "row" >
< div class = "col - sm - 6 mb - 4" >
    < div class = "media" >
        < img src = "img/lhsmall01.jpg" class = "mr - 3" width = "110px" >
        < div class = "media - body" >
            < h4 > 紫灵 </h4 >
            <p > 紫灵仙子是四季兰，叶子油绿，花大浓香。 </p >
            <p > 绿色的叶片配上紫色的花朵，别具新意。 </p >
        </div >
    </div >
</div >
< div class = "col - sm - 6 mb - 4" >
    < div class = "media" >
        < img src = "img/lhsmall02.jpg" class = "mr - 3" width = "110px" >
        < div class = "media - body" >
            < h4 > 虞美人 </h4 >
            <p >虞美人花朵艳丽，呈现深紫红色。 </p >
            <p > 花瓣极为单薄，质地柔嫩，有观赏价值。 </p >
        </div >
    </div >
</div >
</div >
< div class = "row" >
< div class = "col - sm - 6 mb - 4" >
    < div class = "media" >
        < img src = "img/lhsmall03.jpg" class = "mr - 3" width = "110px" >
        < div class = "media - body" >
            < h4 > 金玉满堂 </h4 >
            <p >花品稳定，金黄色，玉质感强。 </p >
            <p > 不宜强烈的日光照射。 </p >
        </div >
    </div >
</div >
< div class = "col - sm - 6 mb - 4" >
    < div class = "media" >
        < img src = "img/lhsmall04.jpg" class = "mr - 3" width = "110px" >
```

```
        < div class = "media - body">
            <h4 > 倾城之恋 </h4 >
            <p > 红色的花朵里面带有黄色的花纹,特别靓丽。 </p >
            <p > 叶片常年青翠,花大色艳,香气浓郁。 </p >
        </ div >
    </ div >
</ div >
</ div >
</ section >
```

下面进行兰花新闻部分的设置，这一部分是放在容器 container 中的，同样可以使用媒体对象，也可以进行普通设计。使用媒体对象的部分代码如下，普通设计的完整代码大家可以自己完成。效果如图 7 –9 所示。

图 7 –9 兰花相关新闻

```
< section >
< div class = "container">
    < div class = "row">
        < div class = "col - sm - 6">
            < img src = "img/chunlan1.jpg"class = "d - block mx - auto">
        </ div >
        < div class = "col - sm - 6 my - auto">
            <h3 > 中国春兰节在浙江绍兴柯桥开幕 </h3 >
            <p > 春兰节以"春满中华、兰香传情"为主题,利用互联网数字平台,展示兰花产业
发展新技术新成果,让全国兰友共享春兰"云"上盛宴。 </p >
        </ div >
    </ div >
</ div >
<hr >
< div class = "row">
    < div class = "col - sm - 6 my - auto">
        <h3 > 绍兴是中国兰花发祥地 </h3 >
        <p > 素有"春兰祖地""兰文化故乡"的美称,距今已有 2500 多年的种兰养兰历史,爱兰、
植兰、赏兰、咏兰雅俗在民间代代相传。 </p >
```

```
    </div >
    <div class = "col - sm - 6">
        <img src = "img/chuanlan2.jpg"class = "d - block mx - auto">
    </div >
  </div >
</div >
</section >
```

页脚部分可以使用巨幕组件，当然，也可以使用普通设计完成。巨幕组件的参考代码如下。. jumbotron – fluid：没有圆角，. jumbotron：创建一个灰色大屏幕，text – center：文本居中。如图 7 – 10 所示。

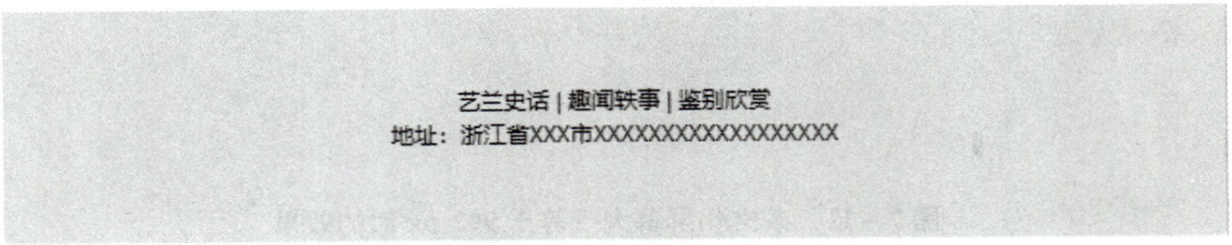

艺兰史话 | 趣闻轶事 | 鉴别欣赏
地址：浙江省XXX市XXXXXXXXXXXXXXXX

图 7 – 10　兰花赏析页脚

```
<div class = "jumbotron" align = "center">
    <div class = "container">
        <div >艺兰史话 | 趣闻轶事 | 鉴别欣赏 </div >
        <div >地址:浙江省×××市 ××××××××××××××</div >
    </div >
</div >
```

 **任务总结**

通过本任务的学习，会综合运用前面所学知识制作兰花赏析页面。使用栅格系统制作响应式页面，设计响应式导航栏、设计轮播图。网页的主体部分——兰花的介绍，使用媒体对象. media 实现，页脚部分可以使用巨幕组件实现。

任务 7.2　茶文化页面制作

任务描述

本任务利用 Bootstrap 知识制作茶文化页面。

任务实施

茶文化页面内容分为三个部分：第一部分，网页的头部 header（页面导航部分）；第二部分，页面主体各种茶叶的介绍 section；第三部分，页脚部分 footer，如图 7 – 11 和图 7 – 12 所示。

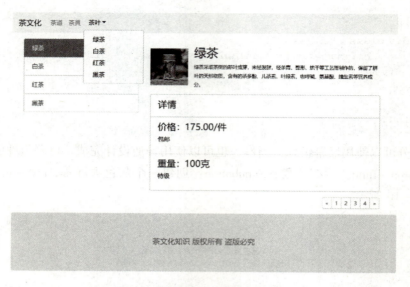

图 7 – 11　茶文化屏幕大于等于 992 px 时的效果

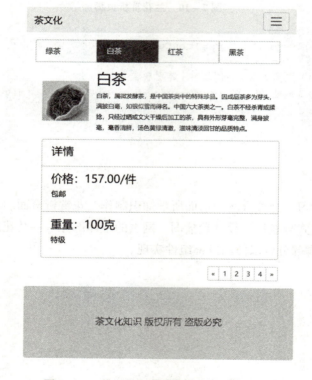

图 7 – 12　茶文化屏幕小于 768 px 时的效果

依照网页效果，屏幕尺寸大于 992 px 时，绿茶、红茶、黑茶、白茶内容分为左、右两部分，左边内容垂直排列；当屏幕尺寸小于 992 px 时，绿茶、红茶、黑茶、白茶内容水平横向排列；当屏幕尺寸小于 576 px 时，绿茶、红茶、黑茶、白茶内容垂直排列，如图 7 – 13 所示；屏幕尺寸小于 768 px 时，折叠导航栏菜单。

图 7 - 13　茶文化屏幕小于 576 px 时的效果

　　首先制作导航栏，创建浅色背景的折叠导航栏，在导航栏中添加文字 LOGO（茶文化）并设置加粗，添加汉堡折叠图标并设置为小屏幕下折叠；设置折叠项（茶道、茶具、茶叶），并设置前一项为加粗字体，后两项设置为浅灰色。为折叠项茶叶设置下拉菜单，并在其中加入菜单项。为下拉菜单设置鼠标为手形，并且为子菜单项设置单击事件。

```
< header >
< nav class = "navbar navbar - expand - md bg - light navbar - light" >
    < a class = "navbar - brand" >茶文化 </a >
    < button class = "navbar - toggler" data - toggle = "collapse" data - target = "
#collNavbar" >
        < span class = "navbar - toggler - icon" > </span >
    </button >
    < div class = "collapse navbar - collapse" id = "collNavbar" >
        < ul class = "navbar - nav" >
            < li class = "nav - item" > < a href = "" class = "nav - link" >茶道 </a >
</li >
            < li class = "nav - item" > < a href = "" class = "nav - link" >茶具 </a >
</li >
            < li class = "nav - item" >
                < div class = "btn - group" >
                    < button class = "btn dropdown - toggle" data - toggle =
"dropdown" >茶叶 </button >
                    < div class = "dropdown - menu" >
                        < a class = "dropdown - item" onclick = "xxk1( )"
style = "cursor: pointer;" >绿茶 </a >
```

```
                                    < a class = "dropdown - item" onclick = "xxk2()"
style = "cursor: pointer;">白茶 </a >
                                    < a class = "dropdown - item" onclick = "xxk3()"
style = "cursor: pointer;">红茶 </a >
                                    < a class = "dropdown - item" onclick = "xxk4()"
style = "cursor: pointer;">黑茶 </a >
                                </div >
                            </div >
                        </li >
                    </ul >
                </div >
        </nav >
    </header >
```

设置主体内容框架，在 < section > 中设置 container 容器，在容器中添加类 row，与上面 header 内容隔开一定的距离，使用 mt – 3。

左侧列表在大于等于 768 px 时占 4 个栅格，右侧详细内容占 8 个栅格。制作绿茶、白茶、红茶、黑茶的列表组，在屏幕尺寸小于 768 px 时，列表组的列表项目横向排列，使用 flex – lg – column；屏幕尺寸小于 576 px 时，列表组的列表项目垂直排列，使用 flex – sm – row。

对每种茶叶的具体介绍，上半部分使用 . tab – content 和 . tab – pane 组件完成。图片、文字利用媒体对象 . media 完成。下面的价格、重量使用列表组完成。

```
    < section >
    < div class = "container">
        < div class = "row mt - 3">
        <!--列表组 -->
        < div class = "list - group col - lg - 4 flex - lg - column flex - sm - row">
            < a class = "list - group - item list - group - item - action active" href
= "#greentea" id = "green" data - toggle = "list">绿茶 </a >
            < a class = "list - group - item list - group - item - action border - top"
href = "#writetea" id = "write" data - toggle = "list">白茶 </a >
            < a class = "list - group - item list - group - item - action border - top"
href = "#redtea" id = "red" data - toggle = "list">红茶 </a >
            < a class = "list - group - item list - group - item - action border - top"
href = "#blacktea" id = "black" data - toggle = "list">黑茶 </a >
        </div >
    <!—每种茶叶的具体内容 -->
    < div class = "col - lg - 8">
        < div class = "tab - content mt - 3">
        <!--绿茶 -->
        < div id = "greentea" class = "tab - pane">
            < div class = "media">
                < img src = "./img/绿茶 . webp" style = "width: 100 px;" class =
"align - self - center mr - 3">
                < div class = "media - body">
                    < h2 >绿茶 </h2 >
```

```
                 <small>绿茶采取茶树的新叶或芽,未经发酵,经杀青、整形、烘干等工艺制作
而成,保留了鲜叶的天然物质,含有的茶多酚、儿茶素、叶绿素、咖啡碱、氨基酸、维生素等营养成分。</small>
                 </div>
          </div>
          <ul class="list-group mt-3">
              <li class="list-group-item">
                  <div class="h4">详情</div>
              </li>
              <li class="list-group-item">
                  <div class="h4">价格:175.00/件</div>
                  <p>包邮</p>
              </li>
              <li class="list-group-item">
                  <div class="h4">重量:100 克</div>
                  <p>特级</p>
              </li>
          </ul>
      </div>
      <!--白茶 -->

      <div id="writetea" class="tab-pane">
          <div class="media">
              <img src="./img/白茶.webp" style="width: 100px;" class="align-
self-center mr-3">
                  <div class="media-body">
                     <h2>白茶</h2>
                     <small>白茶,属微发酵茶,是中国茶类中的特殊珍品。因成品茶多为芽
头,满披白毫,如银似雪而得名。中国六大茶类之一的白茶,是不经杀青或揉捻,只经过晒或文火干燥后加工
的茶,具有外形芽毫完整,满身披毫,毫香清鲜,汤色黄绿清澈,滋味清淡回甘的品质特点。</small>
                 </div>
          </div>
          <ul class="list-group mt-3">
              <li class="list-group-item">
                  <div class="h4">详情</div>
              </li>
              <li class="list-group-item">
                  <div class="h4">价格:157.00/件</div>
                  <p>包邮</p>
              </li>
              <li class="list-group-item">
                  <div class="h4">重量:100 克</div>
                  <p>特级</p>
              </li>
          </ul>
      </div>
          <!--红茶 -->
          <div id="redtea" class="tab-pane active">
              <div class="media">
```

```
                < img src = "./img/红茶 .webp" style = "width: 100 px;" class =
"align - self - center mr - 3">
                    < div class = "media - body">
                        <h2 >红茶 </h2>
                        <small >红茶是国际市场销量最大、销路最广的茶叶。在国际茶叶贸易
中,红茶销量占90% 以上,其中主要是红碎茶。红茶属发酵茶类,其中工夫红茶和小种红茶是我国特有的红
茶。</small >
                    </div >
                </div >
                <ul class = "list - group mt - 3">
                    < li class = "list - group - item">
                        < div class = "h4">详情 </div >
                    </li >
                    < li class = "list - group - item">
                        < div class = "h4">价格:180.00 /件 </div >
                        <p >包邮 </p >
                    </li >
                    < li class = "list - group - item">
                        < div class = "h4">重量:100 克 </div >
                        <p >特级 </p >
                    </li >
                </ul >
            </div >
            <! --黑茶 -->
            < div id = "blacktea" class = "tab - pane">
                < div class = "media">
                    < img src = "./img/黑茶 .webp" style = "width: 100 px;" class =
"align - self - center mr - 3">
                        < div class = "media - body">
                            <h2 >黑茶 </h2>
                            <small >黑茶属于六大茶类之一,属后发酵茶,主产区为广西、四川、云南、
湖北、湖南、陕西、安徽等地。传统黑茶采用的黑毛茶原料成熟度较高,是压制紧压茶的主要原料。</small >
                        </div >
                    </div >
                    <ul class = "list - group mt - 3">
                        < li class = "list - group - item">
                            < div class = "h4">详情 </div >
                        </li >
                        < li class = "list - group - item">
                            < div class = "h4">价格:118.00 /件 </div >
                            <p >包邮 </p >
                        </li >
                        < li class = "list - group - item">
                            < div class = "h4">重量:100 克 </div >
                            <p >特级 </p >
                        </li >
                    </ul >
                </div >
            </div >
        </div >
```

```
<!--具体内容项结束 -->
</div>
<! —分页部分 -->
</section>
```

这部分主体内容结合一些原生 JS 代码实现单击呈现相关茶叶的信息。

```
<script type = "text/javascript">
//对绿茶的点击事件
function xxk1(){
    var page = document.getElementsByClassName("page-item");
    for(var i = 0;i <= 5;i++){
        if(page[i].classList.contains("disabled")){
            page[i].classList.remove("disabled");
        }
    }
    document.getElementById('green').click();
}
//对白茶的点击事件
function xxk2(){
    var page = document.getElementsByClassName("page-item");
    for(var i = 0;i <= 5;i++){
        if(page[i].classList.contains("disabled")){
            page[i].classList.remove("disabled");
        }
    }
    document.getElementById('write').click();
}
//对红茶的点击事件
function xxk3(){
    var page = document.getElementsByClassName("page-item");
    for(var i = 0;i <= 5;i++){
        if(page[i].classList.contains("disabled")){
            page[i].classList.remove("disabled");
        }
    }
    document.getElementById('red').click();
}
//对黑茶的点击事件
function xxk4(){
    var page = document.getElementsByClassName("page-item");
    for(var i = 0;i <=5;i++){
        if(page[i].classList.contains("disabled")){
            page[i].classList.remove("disabled");
        }
    }
document.getElementById('black').click();
}
</script>
```

设置分页项，利用 Bootstrap 框架设置较小的分页并设置为右对齐，在 ul 中使用
. pagination 类设置分页，使用 . justify – content – end 类设置分页内容居右对齐，分页箭头使
用特殊符号 &lsaquo 与 &rsaquo。

```html
<!-- 分页 -->
<ul class = "pagination pagination - sm justify - content - end mt -3">
    <li class = "page - item"> <a class = "page - link" onclick = "prev()" style =
"cursor: pointer;">&laquo; </a> </li>
    <li class = "page - item"> <a class = "page - link" onclick = "xxk1()" style =
"cursor: pointer;">1 </a> </li>
    <li class = "page - item"> <a class = "page - link" onclick = "xxk2()" style =
"cursor: pointer;">2 </a> </li>
    <li class = "page - item"> <a class = "page - link" onclick = "xxk3()" style =
"cursor: pointer;">3 </a> </li>
    <li class = "page - item"> <a class = "page - link" onclick = "xxk4()" style =
"cursor: pointer;">4 </a> </li>
    <li class = "page - item"> <a class = "page - link" onclick = "next()" style =
"cursor: pointer;">&raquo; </a> </li>
</ul>
<!-- 分页结束 -->
```

这一部分中上一页与下一页的 JS 代码如下：

```javascript
<script type = "text/javascript">
//上一页事件
function prev(){
//获取下一页事件的按钮属性,如果是不可选,则改为可选
var page5 = document.getElementsByClassName("page - item")[5];
if(page5.classList.contains("disabled")){
    page5.classList.remove("disabled");
}
var xx = document.getElementsByClassName("active")[0];
var xxk = document.getElementsByClassName("list - group - item - action");
var prev = document.getElementsByClassName("page - item")[0];
//判断是否为首页,是首页,则令上一页按钮不可选,不是则实现上一页功能
if(xx == xxk[0]){
    prev.classList.add("disabled");
}else{
    prev.classList.remove("disabled");
    for(var i =1;i <= 3;i ++){
        if(xx == xxk[i]){
            xxk[i -1].click();
        }
    }
}
}
```

```
//下一页事件
function next(){
//获取上一页事件的按钮属性,如果是不可选,则改为可选
var page1 = document.getElementsByClassName("page-item")[0];
if(page1.classList.contains("disabled")){
    page1.classList.remove("disabled");
}
var xx = document.getElementsByClassName("active")[0];
var xxk = document.getElementsByClassName("list-group-item-action");
var prev = document.getElementsByClassName("page-item")[5];
//判断是否为尾页,是尾页,则令下一页按钮不可选,不是则实现下一页功能
if(xx == xxk[3]){
    prev.classList.add("disabled");
}else{
    prev.classList.remove("disabled");
    for(var i=0;i<=2;i++){
        if(xx == xxk[i]){
            xxk[i+1].click();
        }
    }
}
}
</script>
```

在 footer 标签中添加一个大屏幕 .jumbotron 类，并设置样式 style = " text - align：center" ，
文字居中对齐，文字内容写在 div 中。

```
<footer>
    <div class="jumbotron">
        <div class="container text-center">
            <p class="text-secondary h5">茶文化知识 版权所有 盗版必究</p>
        </div>
    </div>
</footer>
```

任务总结

　　通过本任务的学习，会综合运用前面所学知识制作茶文化页面。依照网页效果，利用栅
格系统制作响应式页面设计。创建浅色背景的折叠导航栏，为折叠项茶叶设置下拉菜单，并
在其中加入菜单项。利用 flex 设置主体内容框架。对于每种茶叶的介绍，上半部分使用
. tab - content 和 . tab - pane 组件完成，图片、文字利用媒体对象 . media 完成。下面的价格、
重量使用列表组完成。

项目评价表

序号	学习目标	学生自评
1	能够熟练使用栅格系统、响应式导航栏、轮播图、媒体对象、巨幕等组件实现页面设计	□能够熟练、灵活运用各种组件 □需要参考教材内容才能实现 □遇到问题不知道如何解决
2	能够熟练使用栅格系统、折叠导航栏、下拉菜单、tab – content、tab – pane、媒体对象、分页等组件实现页面设计	□能够熟练、灵活运用各种组件 □需要参考相应的代码，才能实现 □无法独立完成程序的设计
评价得分		

学生自评得分（20%）	学习成果得分（60%）	学习过程得分（20%）	项目综合得分

项目小结

通过两个项目实战，综合运用了 Bootstrap 的栅格系统、响应式导航栏、轮播图、媒体对象、巨幕 jumbotron、列表组、分页等组件，巩固了所学的知识，将所学知识综合应用到项目开发中。